138款
圆形盘编、手编
幸运手环

手艺家书名:结圆手戴的幸运

潘美伶 编著

河南科学技术出版社
·郑州·

目　录

作者序

这是我出版的第四本“自己动手做幸运手环”的书了，距离上一本已经过了七年的时间。这七年来，科技变化日新月异，现在到处都充斥着电子产品，我更能感受到自己动手的乐趣。如今市面上对于饰品的需求日益增加，让我们有了更多的选择，但不变的依旧是完成一件作品时的成就感与喜悦的心情，这种情感应该是用多少钱都无法买来的。

本书介绍了各种最新的编织手法，而每款作品的图解步骤都是相当生动详细，简单明了，容易上手。现在让我们一起亲手搭配出自己喜欢的饰品配件，发挥自己的创意，编织出一个只属于你自己的幸运手环。相信这份心意不论是送人还是自用，都能表达出最诚挚、最特别的含义，让佩戴在手的人不仅得到一份祝福，更能展现出时尚魅力。

最后我要感谢学员蔡金垂、郭梅娟、郭梅雪、李惠雯、刘凤婷等，是他们协助我，完成了这本书的制作。

潘美伶

工具和材料

蚕丝蜡线色卡

线材色卡

纸线

玉线

毛线

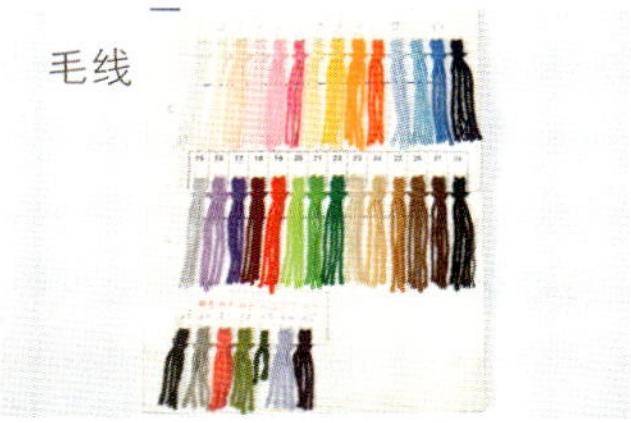

棉线

配件

工具

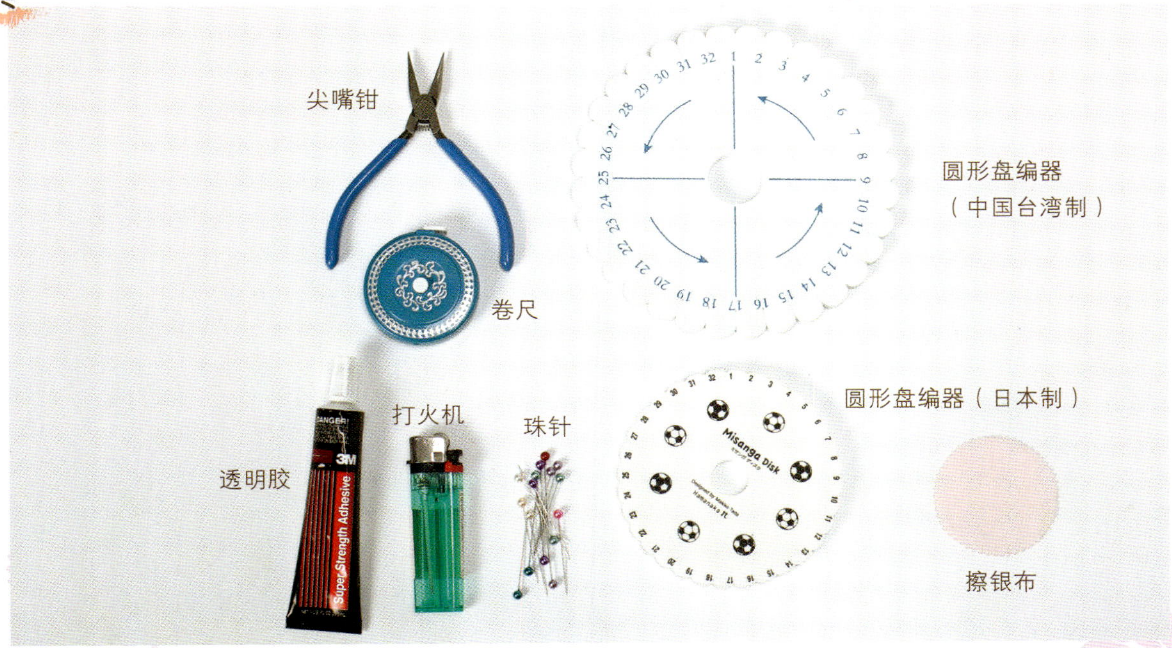

圆形盘编器纸型

各手工艺材料店均有出售，若买不到，可以动手制作。

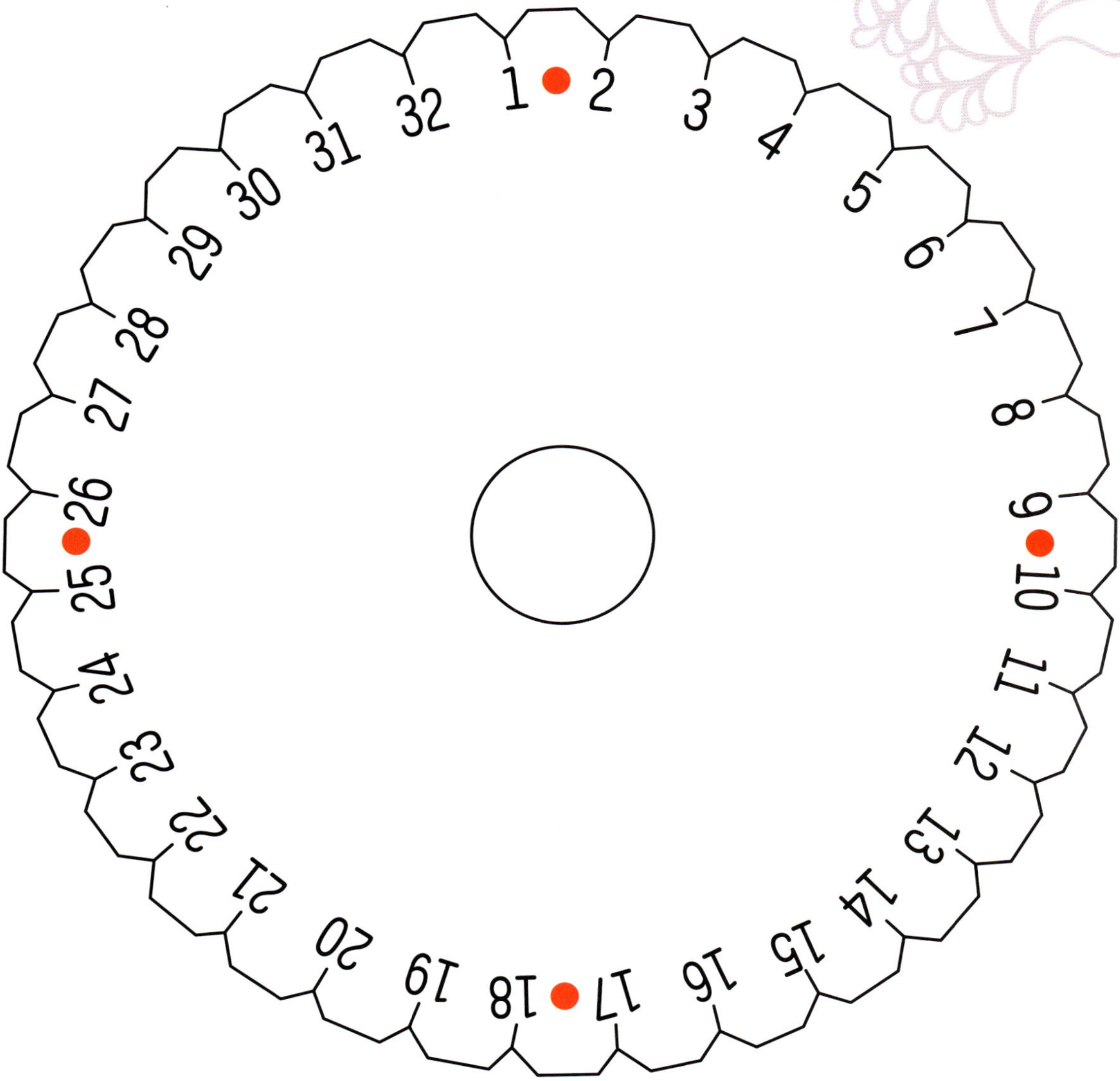

自制圆形盘编器

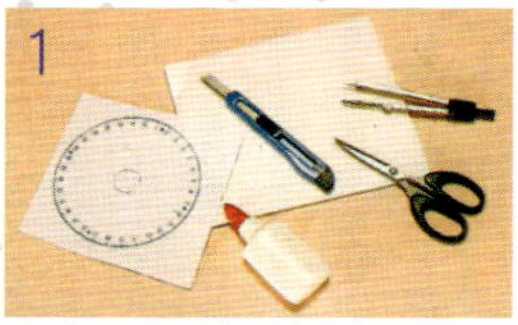

准备材料:
影印上图所附圆形盘编器纸型及同大小的珍珠板，另需工具如图。

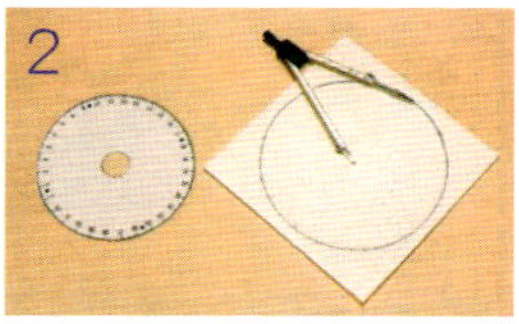

用圆规在珍珠板上画直径为15cm的圆，并剪下纸型。

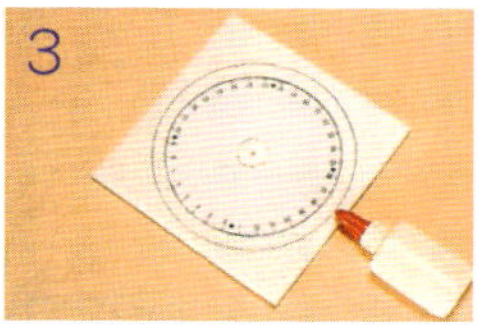

把纸型贴在珍珠板上，圆心要在同一点上。

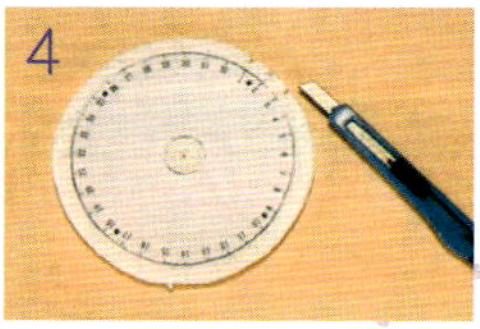

用美工刀切出圆形珍珠板，并按照纸型上的每个有编号的外缘，在珍珠板上切割出小缺口，当作挂线处。

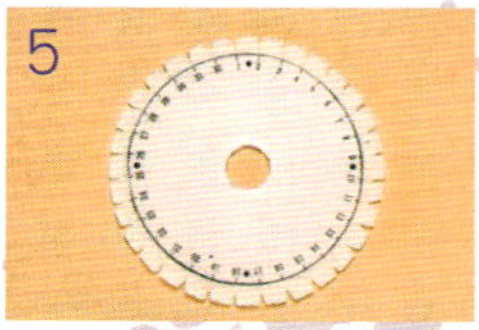

中心的小圆挖空，完成自制圆形盘编器。

套环制作

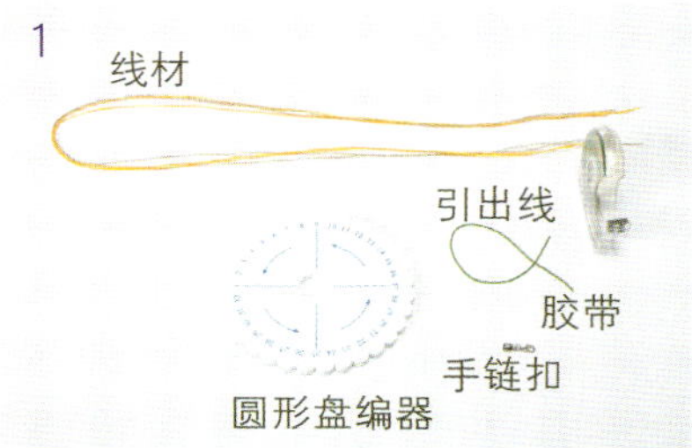

准备材料、工具。

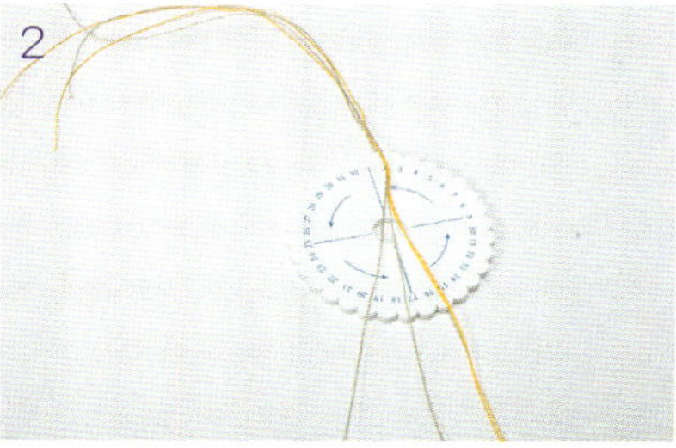

在线的中间用胶带固定后，开始编麻花辫。

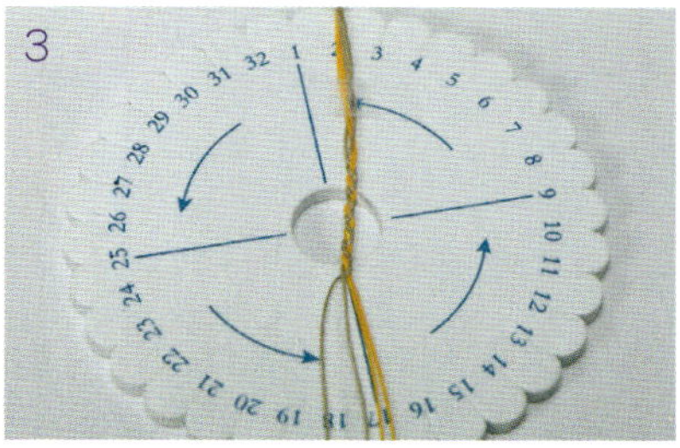

编麻花辫约3cm。

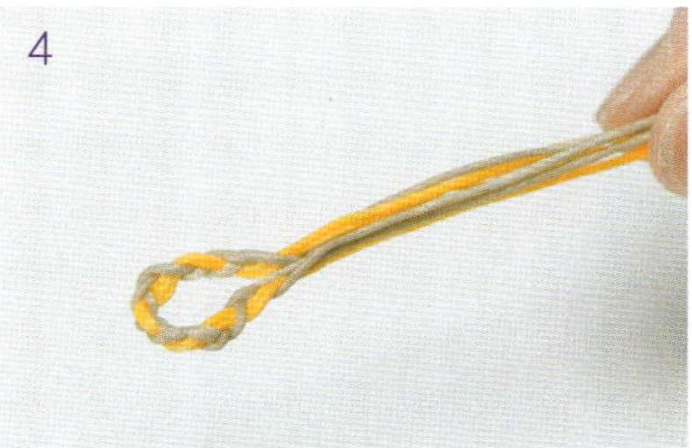

将3cm的麻花辫对折成线环。

取引出线15cm(绿色线示范)。对折成环，置于麻花辫线环上方。

取主体其中一根线(卡其色线示范)，在两个线环上绕3圈。

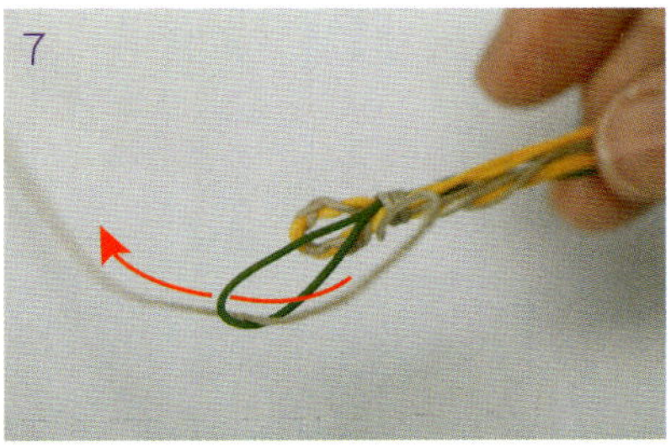

再将线穿过绿色线圈。

一手捏住线圈，另一手将两根绿色线一起往下拉。

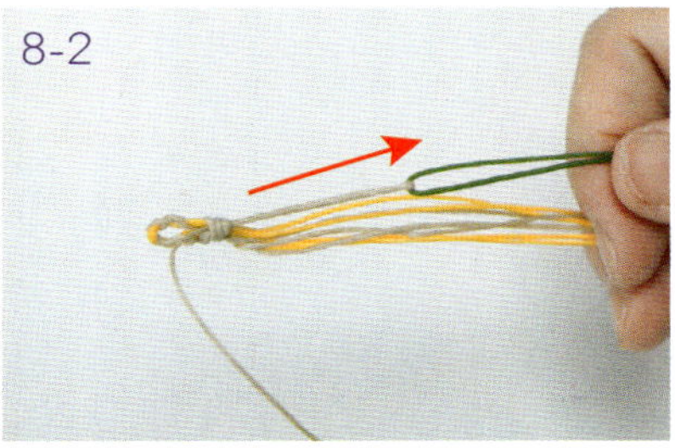

即可用绿色线将卡其色线拉出。

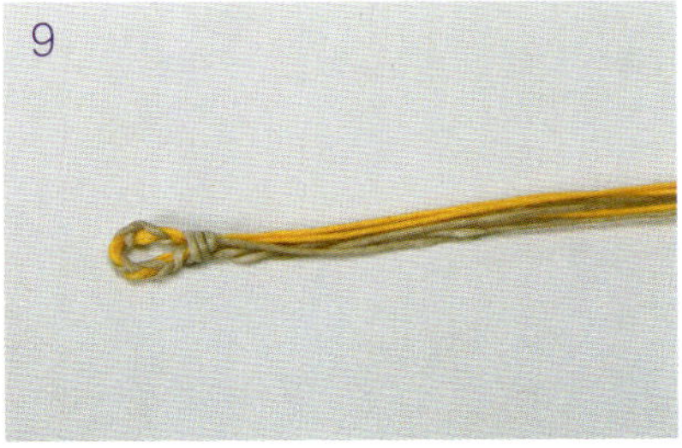

完成套环。

龙虾扣的连接

1

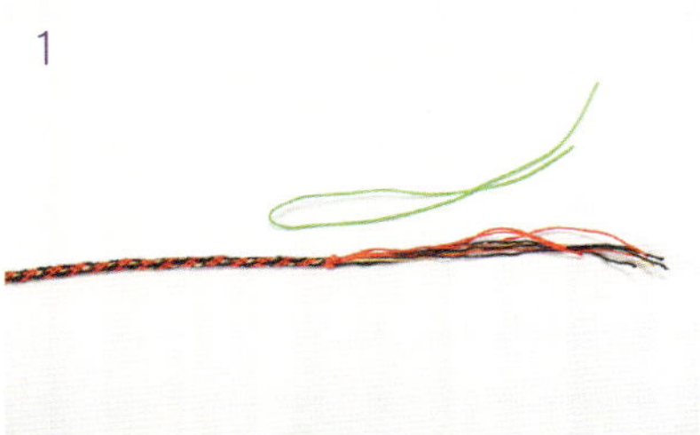

确定作品长度后，将引出线置于作品结尾处。

2

利用主体的线(红色线示范)环绕作品与引出线。

3

红色线穿入引出线线圈。

4

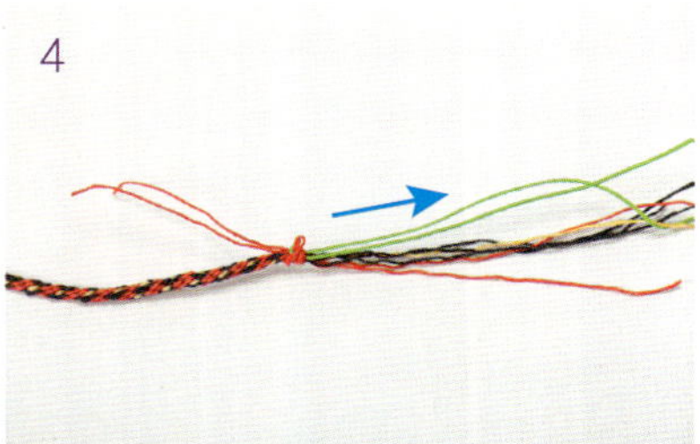

拉出绿色引出线，将红色线从线圈里拉出，拉紧固定。

5

留2股红色线后，剪去作品本身多余的线材。

6

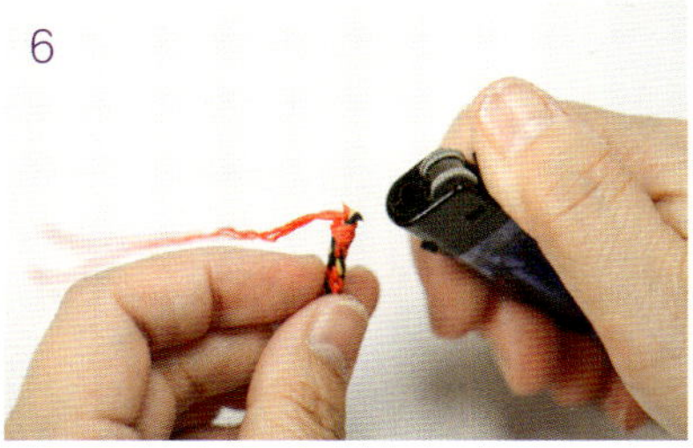

用打火机烧线头，线的黏性会使之固定。

7

将2股线一起穿入龙虾扣的环中。

8

再取绿色线为引出线。

9

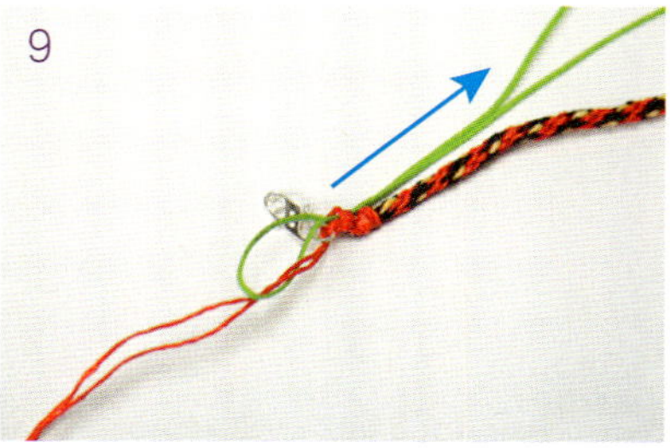

将红色线绕作品及引出线2~3圈后，拉出引出线，把红色线从线圈里拉出来。

10

拉紧红色线，将龙虾扣固定。

11

固定完成，剪断余线。

12

另一端用同样方法处理。

13

作品完成。

作品示范

中山扣链固定

1

准备中山扣链，决定安装位置。

2

剪去作品两端多余的线。扣链夹稍撑开。

3

用扣链夹夹住作品头端(可涂胶)，用尖嘴钳压紧链扣头与线，使其固定。

4

另一尾端也使用相同做法，装上手链扣。

5

作品完成。

镍管扣处理

1

将银珠穿入作品中央。

2

剪去作品两端多余的线。涂上一点点胶，塞入镍管内。

3

两端均塞入镍管内。参考P.30做法。

4

作品完成。

线尾麦穗结处理

※麦穗结又称发财结、8字结。

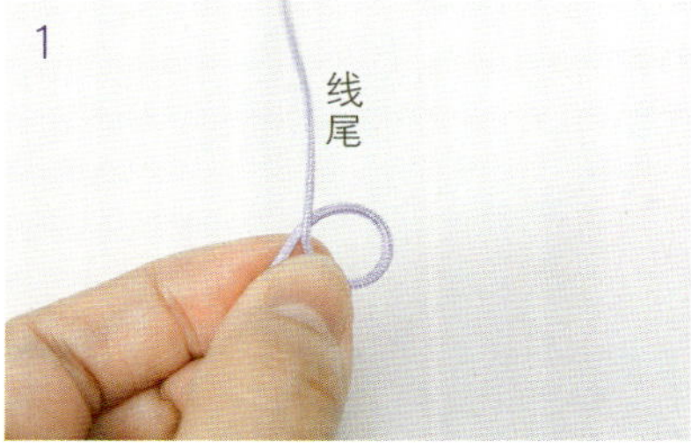

先做一个线圈，线尾留约20cm。

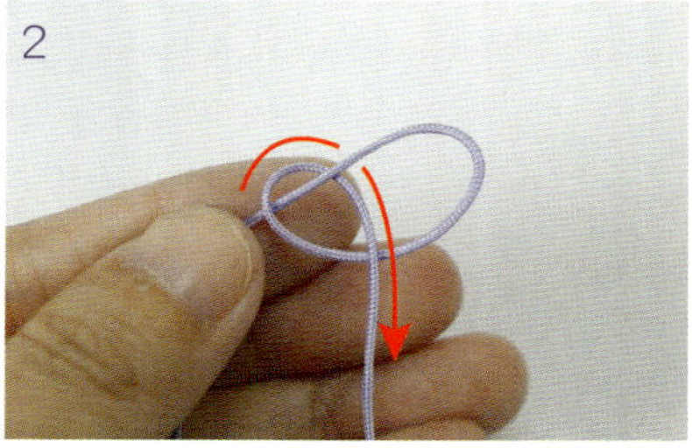

将线尾从后往前穿入线圈，并将线尾拉紧。

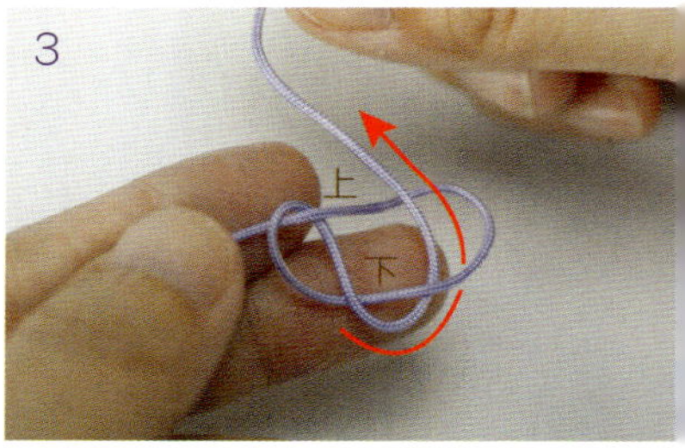

线尾以8字形方式，先绕下线再绕上线。

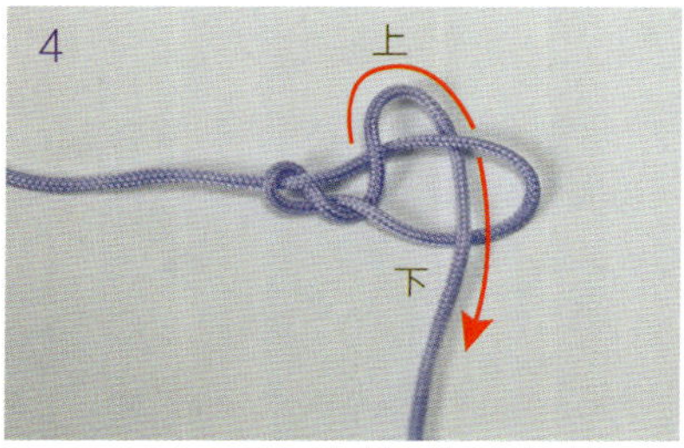

先绕上线，再绕下线。

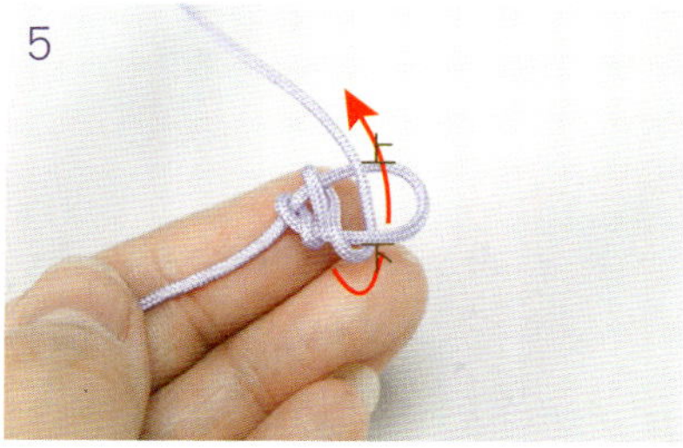

一直轮流绕线圈，把上、下线包住。

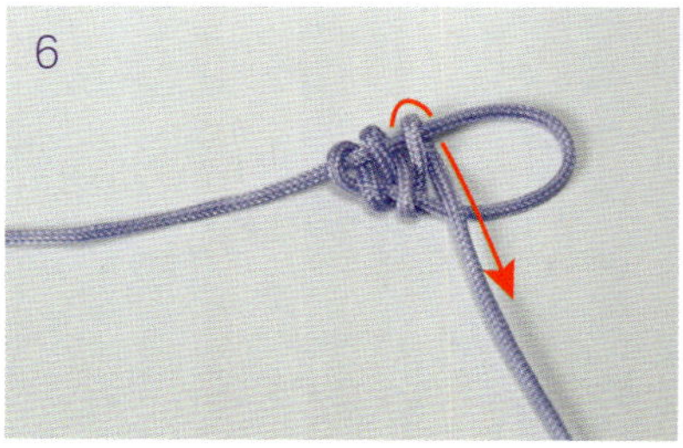

绕到所需大小为止(线圈大小可调整)。

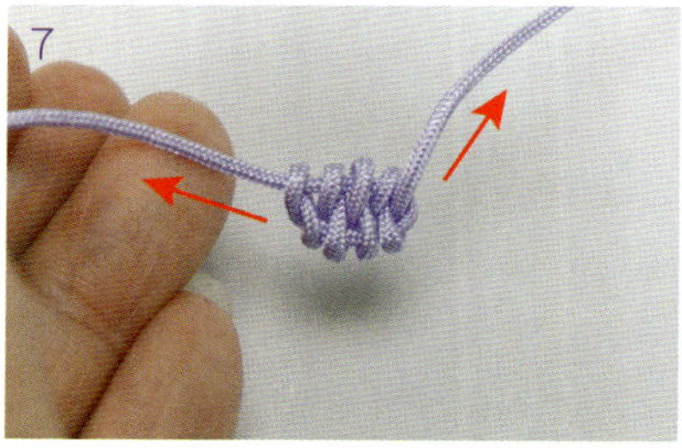

最后调整线，两端线拉紧。

将余线剪断。

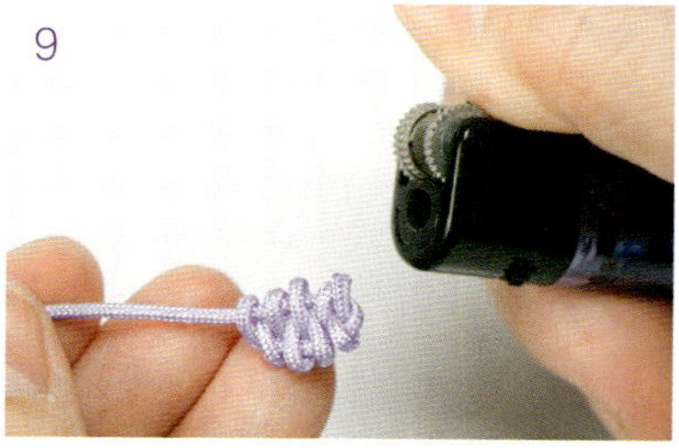

用打火机烧线头，即成麦穗结。

麦穗结通常用于手链的垂吊装饰。

作品示范

配件装饰

1

准备已编完的作品、银饰。

2

修剪两端余线，将银饰穿入绳编中。

3

另一端也穿入银饰。

4

配件位置确定以后，可涂胶固定。

5

两端安装好手链扣，作品完成。

基本八股编

操作顺序表(步骤1~128为一循环)

1	2 → 16	44	16 → 30	87	5 → 19
2	18 → 32	45	7 → 21	88	21 → 3
3	10 → 24	46	23 → 5	89	12 → 26
4	26 → 8	47	15 → 29	90	28 → 10
5	17 → 31	48	31 → 13	91	20 → 2
6	1 → 15	49	22 → 4	92	4 → 18
7	25 → 7	50	6 → 20	93	27 → 9
8	9 → 23	51	30 → 12	94	11 → 25
9	32 → 14	52	14 → 28	95	3 → 17
10	16 → 30	53	5 → 19	96	19 → 1
11	8 → 22	54	21 → 3	97	10 → 24
12	24 → 6	55	13 → 27	98	26 → 8
13	15 → 29	56	29 → 11	99	18 → 32
14	31 → 13	57	20 → 2	100	2 → 16
15	23 → 5	58	4 → 18	101	25 → 7
16	7 → 21	59	28 → 10	102	9 → 23
17	30 → 12	60	12 → 26	103	1 → 15
18	14 → 28	61	3 → 17	104	17 → 31
19	6 → 20	62	19 → 1	105	8 → 22
20	22 → 4	63	11 → 25	106	24 → 6
21	13 → 27	64	27 → 9	107	16 → 30
22	29 → 11	65	18 → 32	108	32 → 14
23	21 → 3	66	2 → 16	109	23 → 5
24	5 → 19	67	26 → 8	110	7 → 21
25	28 → 10	68	10 → 24	111	31 → 13
26	12 → 26	69	1 → 15	112	15 → 29
27	4 → 18	70	17 → 31	113	6 → 20
28	20 → 2	71	9 → 23	114	22 → 4
29	11 → 25	72	25 → 7	115	14 → 28
30	27 → 9	73	16 → 30	116	30 → 12
31	19 → 1	74	32 → 14	117	21 → 3
32	3 → 17	75	24 → 6	118	5 → 19
33	26 → 8	76	8 → 22	119	29 → 11
34	10 → 24	77	31 → 13	120	13 → 27
35	2 → 16	78	15 → 29	121	4 → 18
36	18 → 32	79	7 → 21	122	20 → 2
37	9 → 23	80	23 → 5	123	12 → 26
38	25 → 7	81	14 → 28	124	28 → 10
39	17 → 31	82	30 → 12	125	19 → 1
40	1 → 15	83	22 → 4	126	3 → 17
41	24 → 6	84	6 → 20	127	27 → 9
42	8 → 22	85	29 → 11	128	11 → 25
43	32 → 14	86	13 → 27	重复步骤1~128	

※表格说明。

1. 白色格为步骤顺序。
2. 色块格为移线方向。例："2→16"表示原挂线2的位置，移到16的位置。
3. 详细操作步骤见P.14~P.16。

基本八股编

挂线预备。

参照P.13操作顺序表

挂线位置

A色：1、2、17、18

B色：9、10、25、26

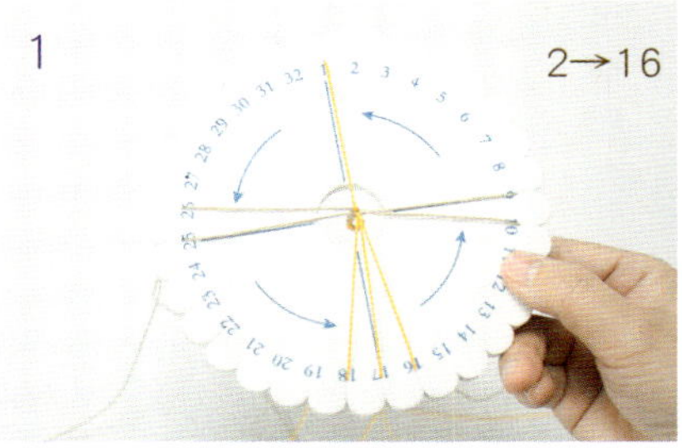

将线从2移到16。

将线从18移到32。

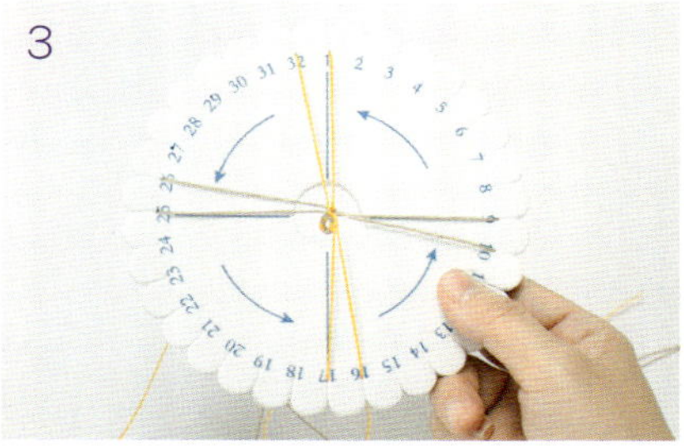

完成如P.13操作顺序表步骤1、2。

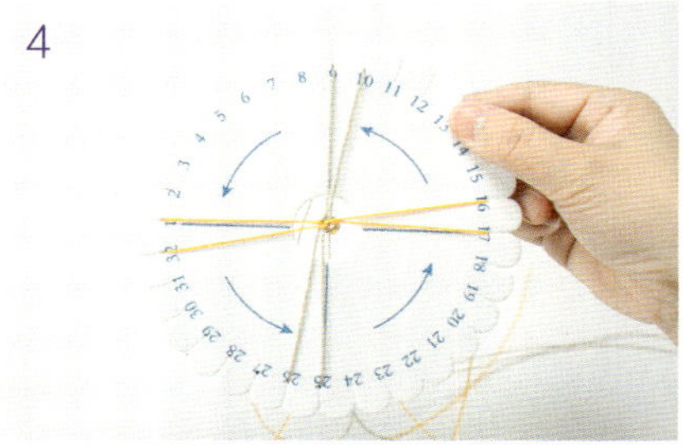

将圆形盘编器向左转90°，正上方为9、10。

将线从10移到24。

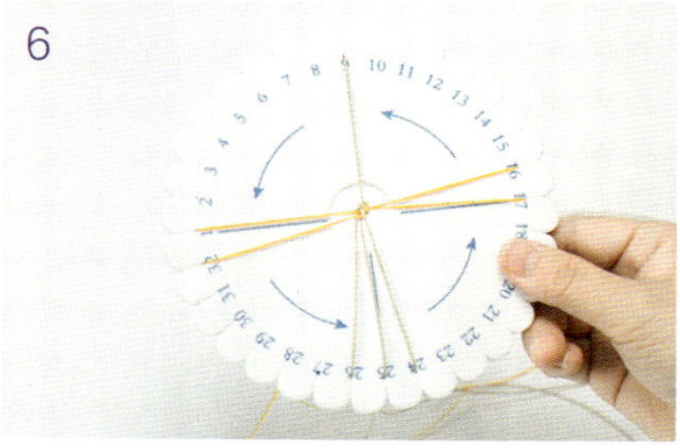

完成P.13操作顺序表步骤3。

将线从26移到8。

完成P.13操作顺序表步骤4。

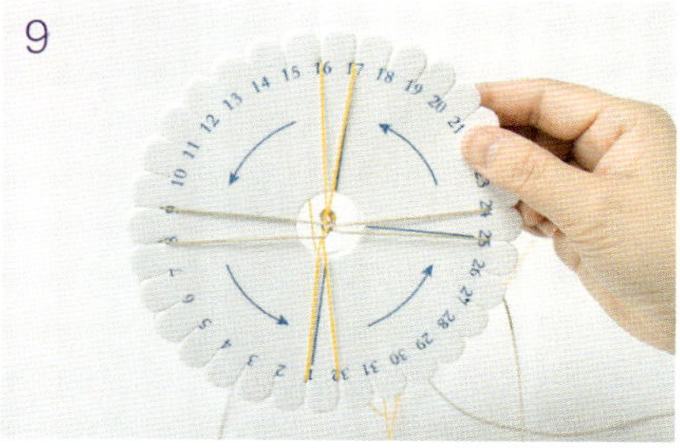

将圆形盘编器向左转90°，正上方为16、17。

将线从17移到31。

操作步骤

11

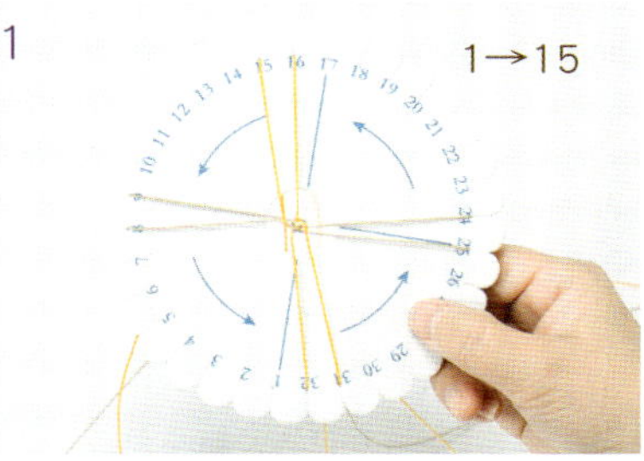

将线从1移到15。
完成P.13操作顺序表步骤5 、6。

12

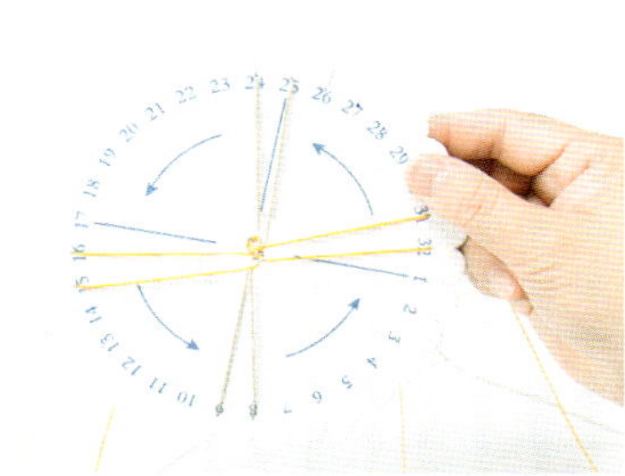

将圆形盘编器向左转90°，正上方是24与25。

13

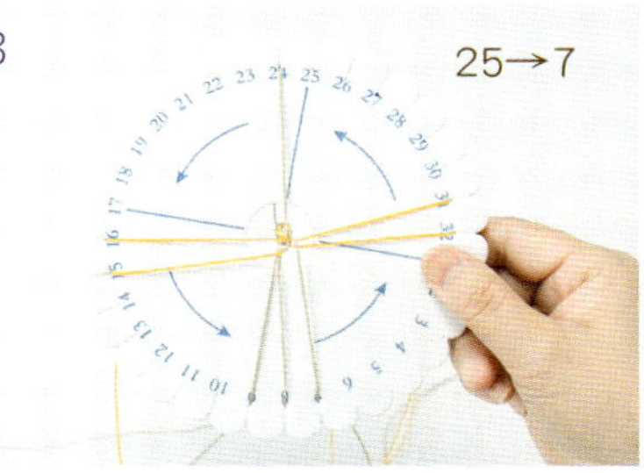

将线从25移到7。

14

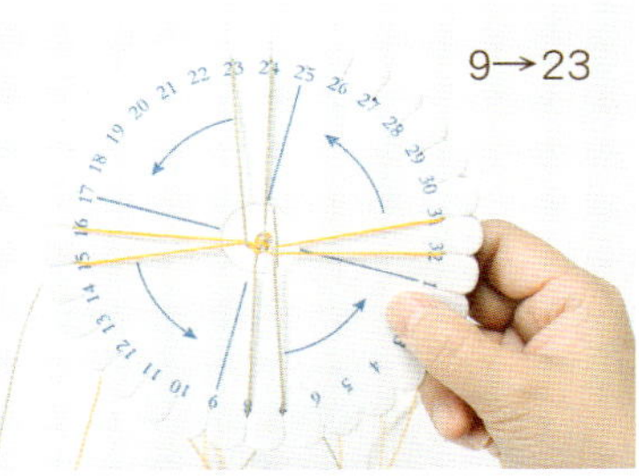

将线从9移到23。
完成P.13操作顺序表步骤7、8。

15

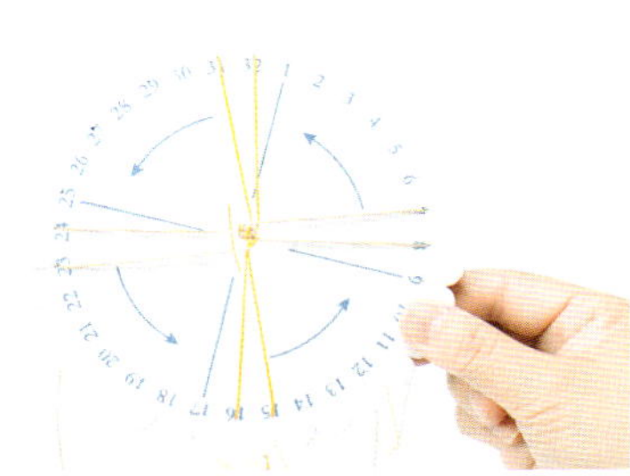

将圆形盘编器向左转90°，正上方为31、32。

16

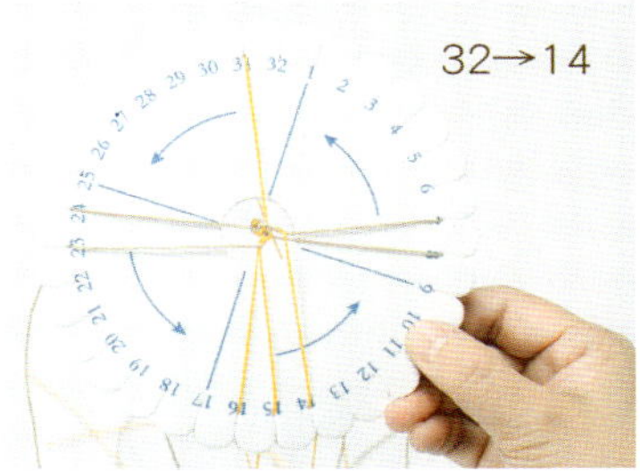

将线从32移到14。

17

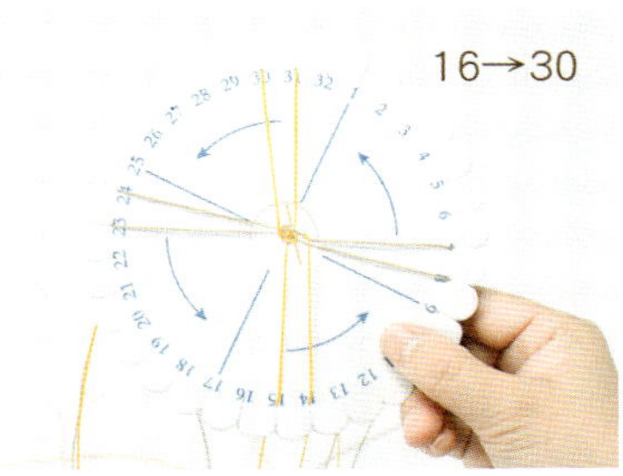

将线从16移到30。
完成P.13操作顺序表步骤9、10。

18

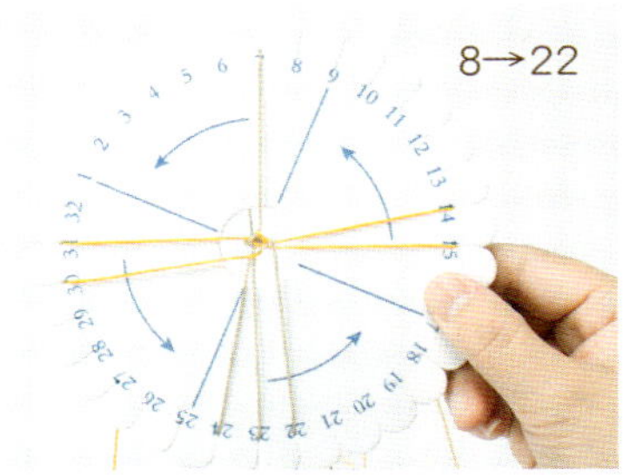

将线从8移到22。

19

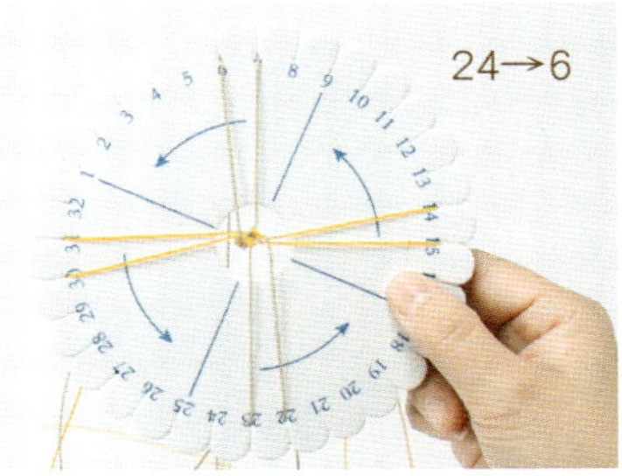

将线从24移到6。
完成P.13操作顺序表步骤11、12。

操作步骤

将线从15移到29。
完成P.13操作顺序表步骤13。

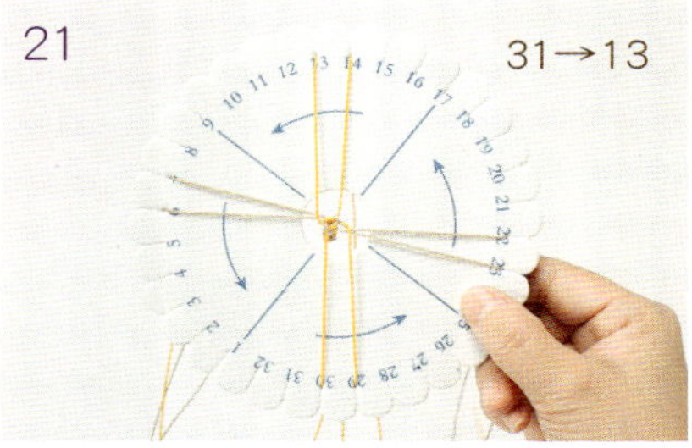

将线从31移到13。
完成P.13操作顺序表步骤14。

将圆形盘编器向左转90°，正上方
22、23。

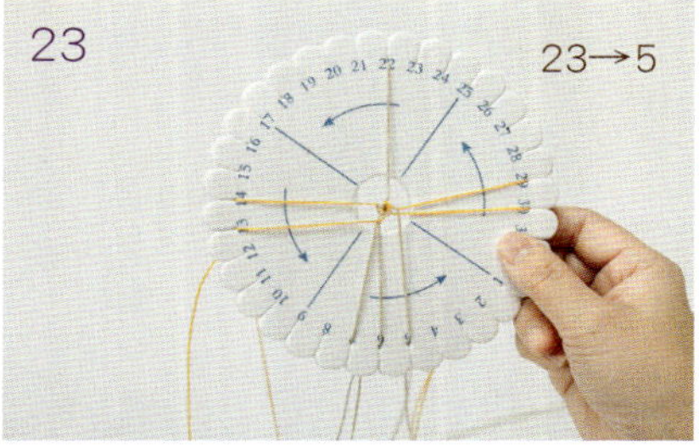

将线从23移到5。
完成P.13操作顺序表步骤15。

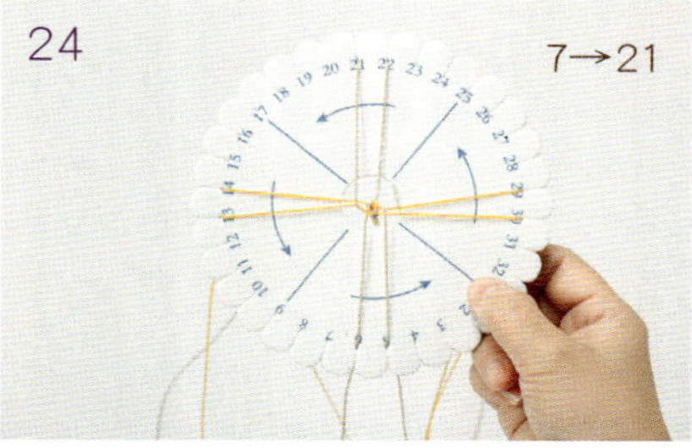

将线从7移到21。
完成P.13操作顺序表步骤16。

将线从30移到12。
完成P.13操作顺序表步骤17。

将线从14移到28。
完成P.13操作顺序表步骤18。

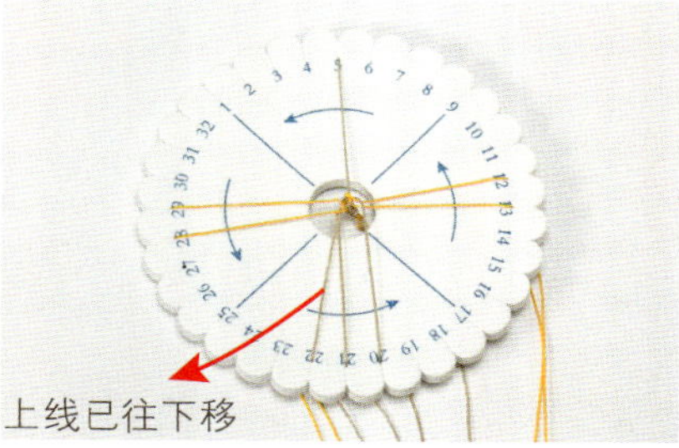

※若中途需暂停时，需将上线往下放的步骤操作完，继续做时易于辨识。

按此方法，对照P.13操作顺序表编织至所需长度。

28

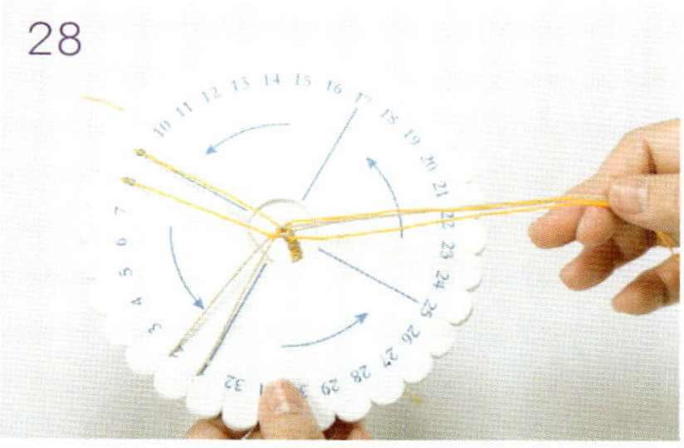

取下圆形盘编器上所有的线。

29

取下后的作品。

30

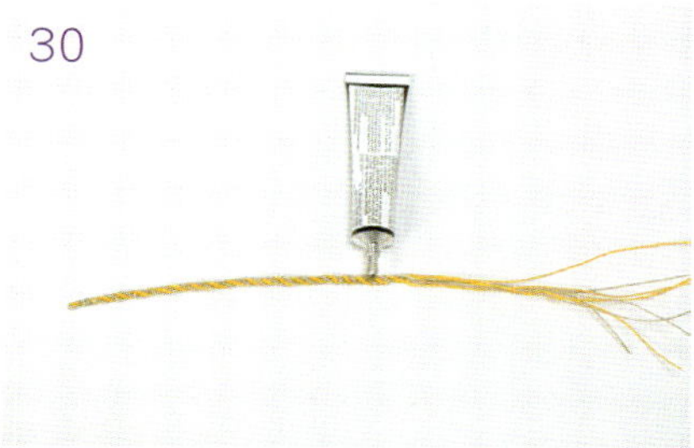

确定所需长度，涂胶待干后，将剩余部分剪去。

31

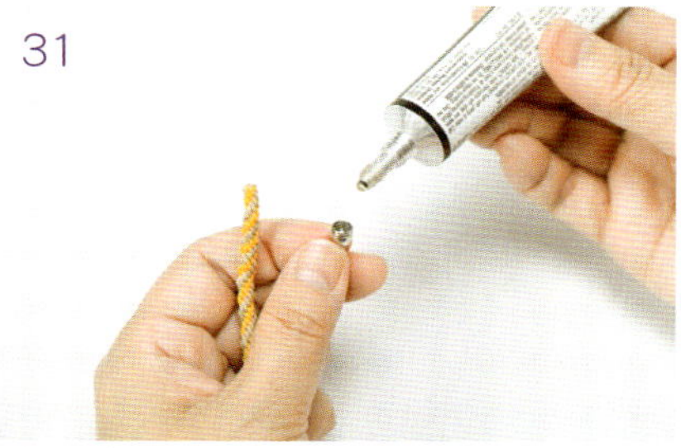

在镍管内挤一点透明胶。

32

绳子塞入后，静置晾干。

33

用打火机轻轻烧蚕丝蜡线上的蜡。

34

这样可使蜡线软化。

35

放置作品，待干。

36

作品完成。

提示小卡

示范款式：基本八股编

材料：
1. 黄色蚕丝蜡线50cm 4根
   卡其色蚕丝蜡线50cm 4根
2. 银饰1个
3. 手链扣1组

完成长度：16cm

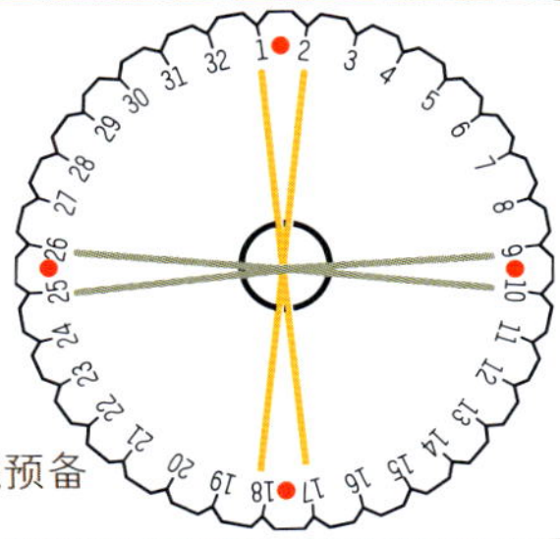

挂线预备

基本八股编

辅助工具：圆形盘编器
操作说明：参照 P.13操作顺序表

提示小卡

材料：
1. 咖啡色玉线A 70cm 4根
   香槟色玉线A 70cm 4根
2. 饰品5个
3. 手链扣1组

完成长度：17cm

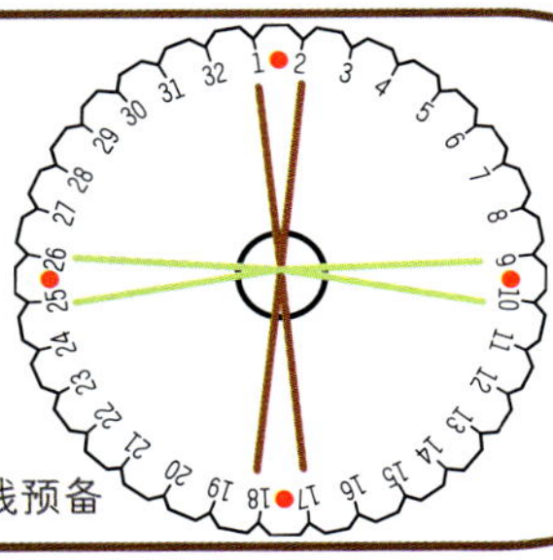
挂线预备

提示小卡

材料：
1. 绿色绣线 70cm 4根
   咖啡色绣线 70cm 4根
2. 饰品3个
3. 手链扣1组

完成长度：18cm

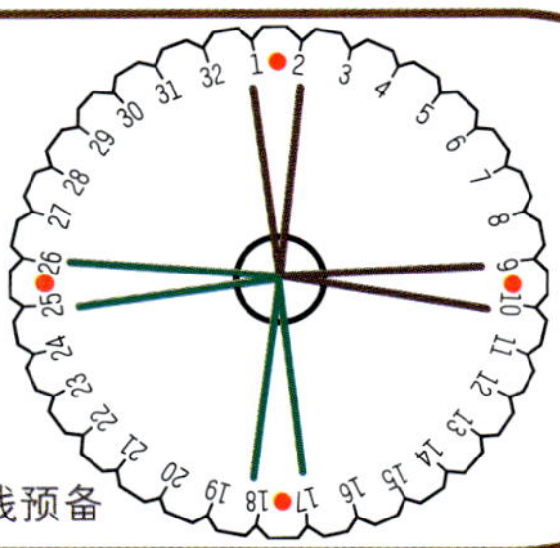
挂线预备

提示小卡

材料：
1. 黑色玉线B 120cm 2根
   银葱线B 120cm 2根
   (均对折成4根使用)
2. 饰品4个
3. 手链扣1组

完成长度：18cm

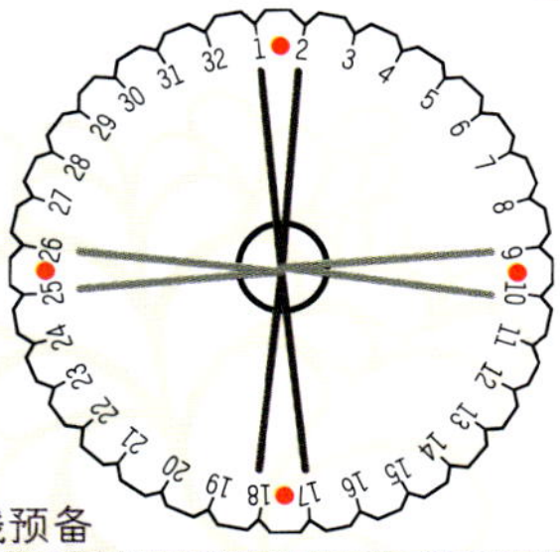
挂线预备

提示小卡

材料：
1. 黄色玉线A 70cm 4根
   蓝色玉线A 70cm 2根
   桃红色玉线A 70cm 2根
2. 饰品5个
3. 手链扣1组

完成长度：17cm

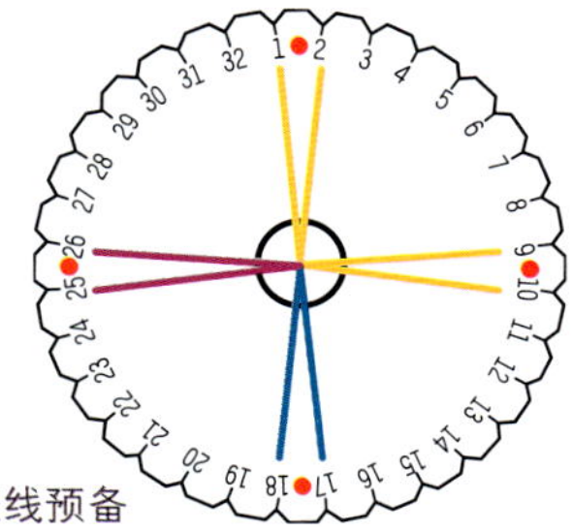
挂线预备

举一反三练习

辅助工具：圆形盘编器
操作说明：参照 P.13 操作顺序表

提示小卡

材料：
1. 绿色蚕丝蜡线50cm 3根
   红色蚕丝蜡线50cm 3根
   白色蚕丝蜡线50cm 2根
2. 饰品3个
3. 手链扣1组

完成长度：16cm

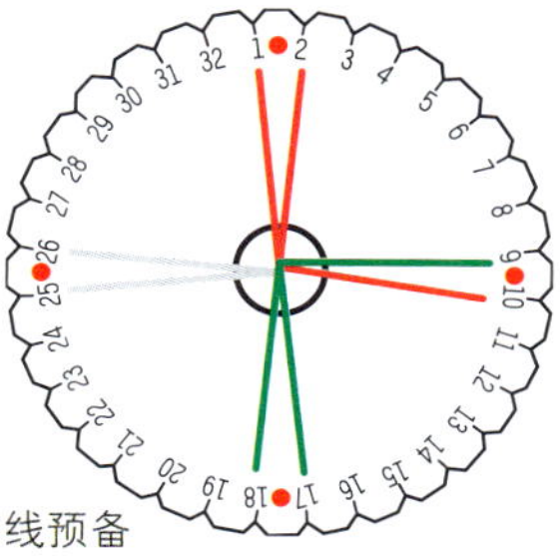

挂线预备

提示小卡

材料：
1. 白色蚕丝蜡线50cm 2根
   黄色蚕丝蜡线50cm 2根
   灰色蚕丝蜡线50cm 2根
   暗红色蚕丝蜡线50cm 2根
2. 饰品3个
3. 手链扣1组

完成长度：16cm

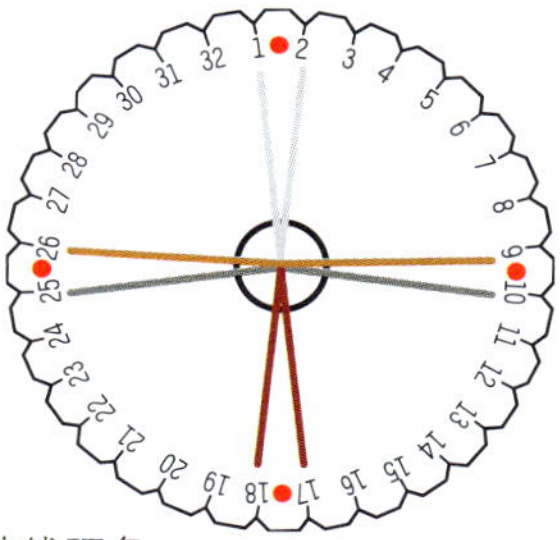

挂线预备

提示小卡

材料：
1. 黄色蚕丝蜡线50cm 2根
   白色蚕丝蜡线50cm 3根
   紫色蚕丝蜡线50cm 3根
2. 饰品3个
3. 手链扣1组

完成长度：16cm

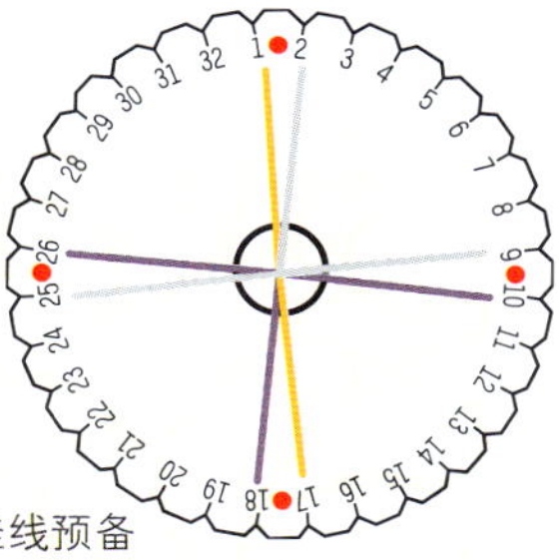

挂线预备

提示小卡

材料：
1. 紫色蚕丝蜡线50cm 2根
   蓝色蚕丝蜡线50cm 2根
   粉红色蚕丝蜡线50cm 2根
   卡其色蚕丝蜡线50cm 2根
2. 饰品5个
3. 手链扣1组

完成长度：16cm

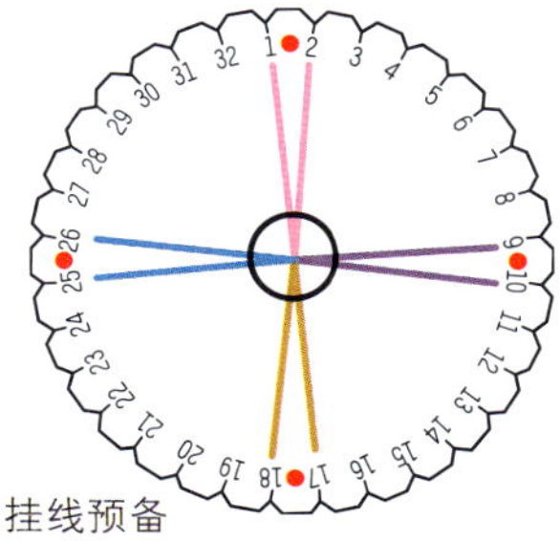

挂线预备

基本十二股编

基本十二股编

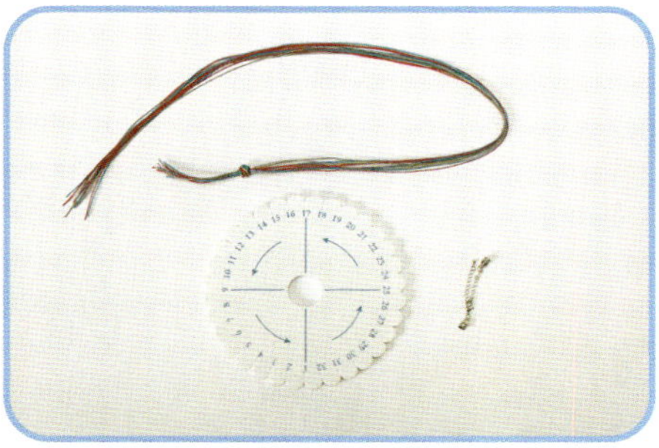

准备3种颜色的线，每种长70cm，各4条(共12条)。

参照P.24操作顺序表

挂线位置
A色：1、2、17、18
B色：6、7、22、23
C色：12、13、28、29

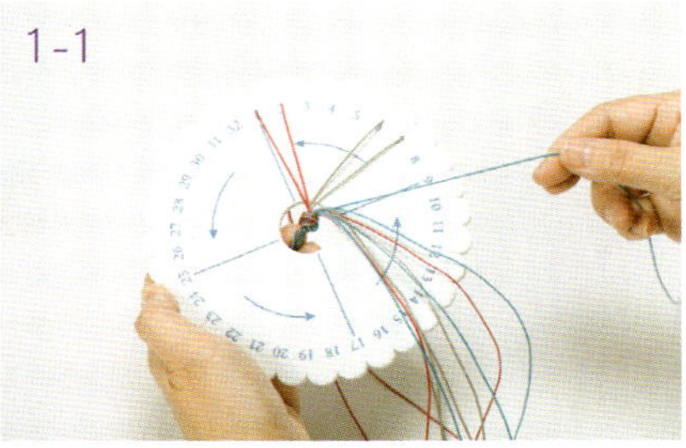

先将线头打结，按照指定位置挂线。

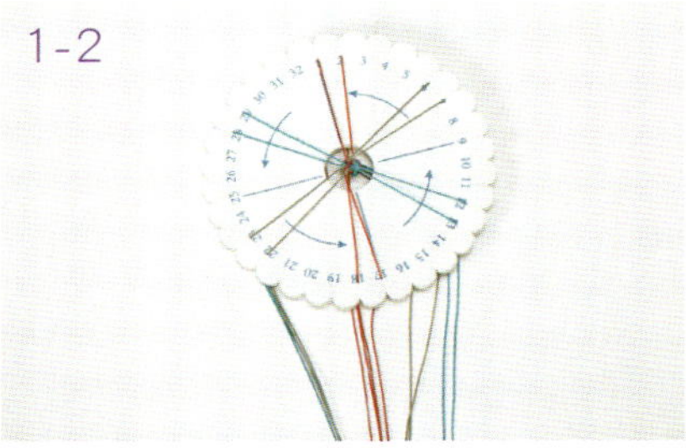

十二股挂线(预备动作)。

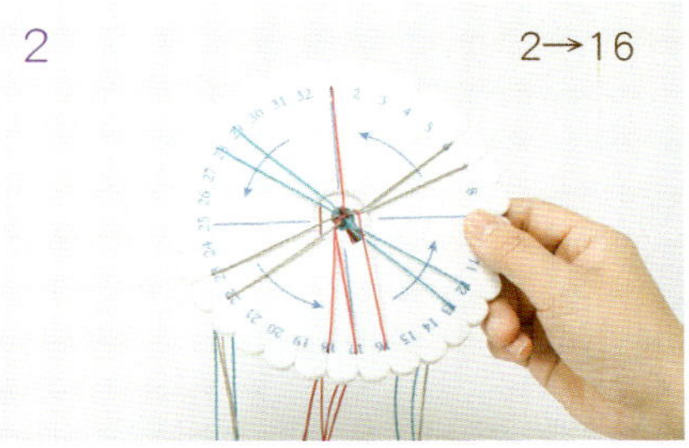

将线从2移到16。

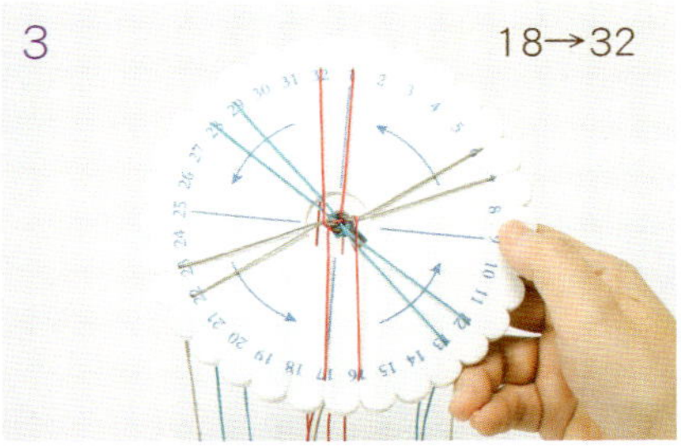

将线从18移到32。

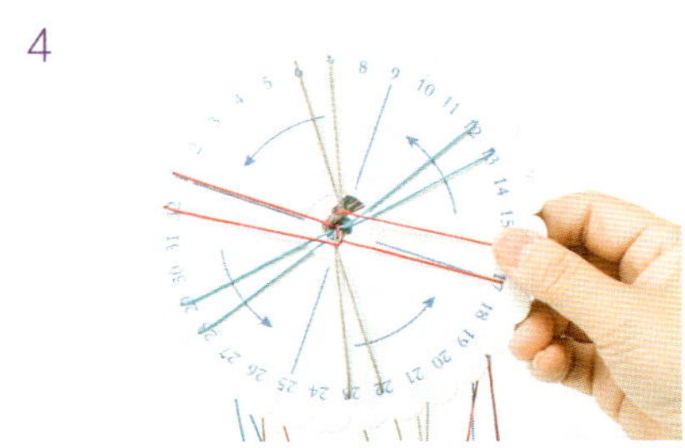

将圆形盘编器向左转，正上方为6、7。

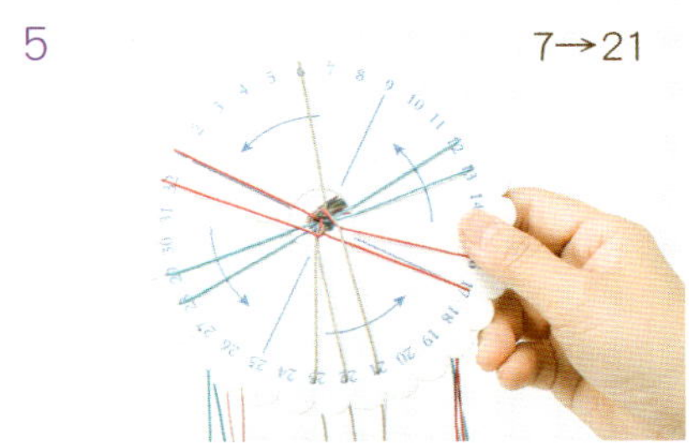

将线从7移到21。

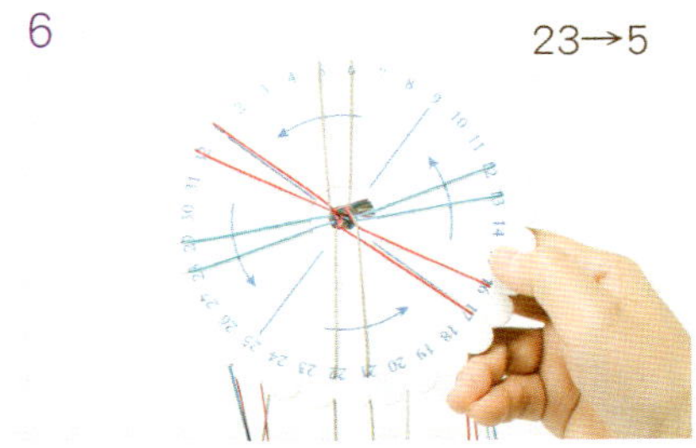

将线从23移到5。

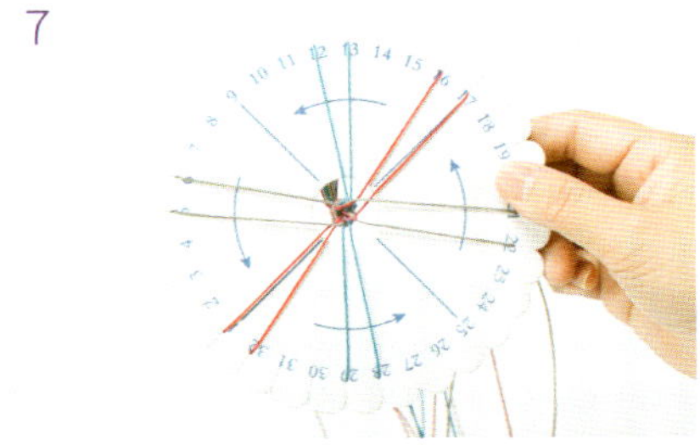

将圆形盘编器向左转，正上方为12、13。

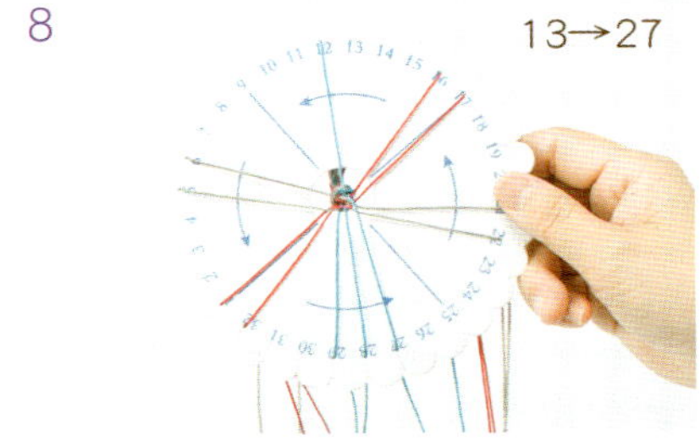

将线从13移到27。

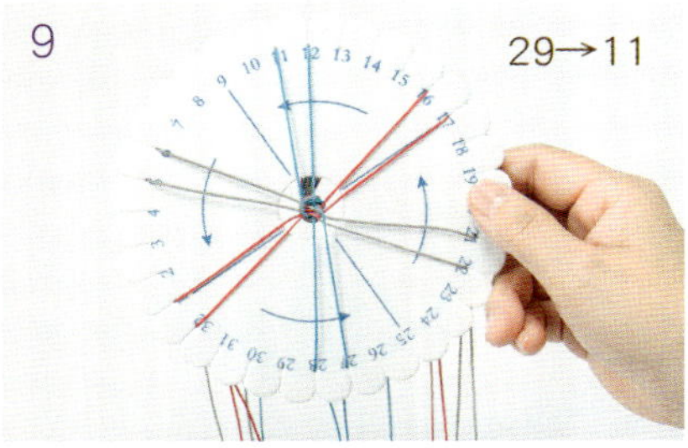

将线从29移到11，向左移动圆形盘编器，正上方为16、17。

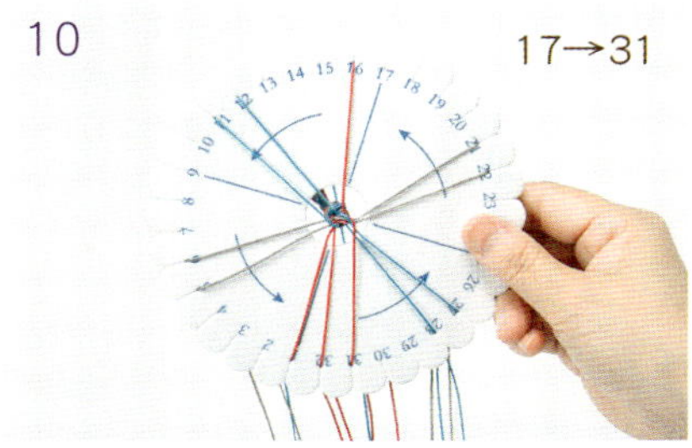

将线从17移到31。

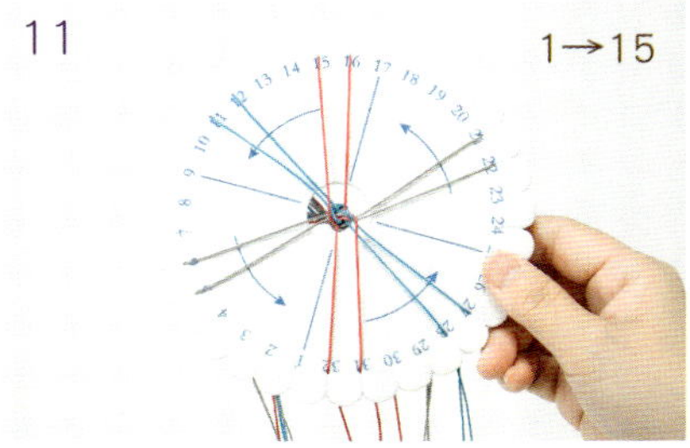

将线从1移到15，向左移动圆形盘编器，正上方为21、22。

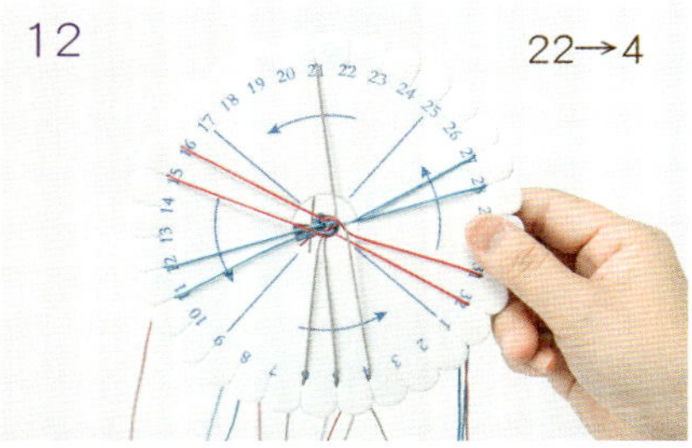

将线从22移到4。

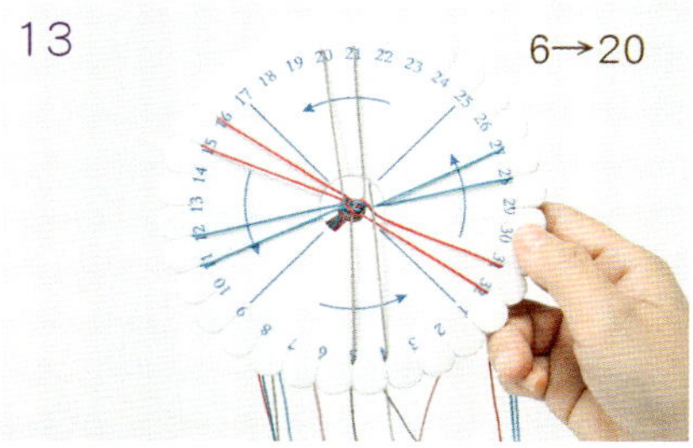

将线从6移到20。

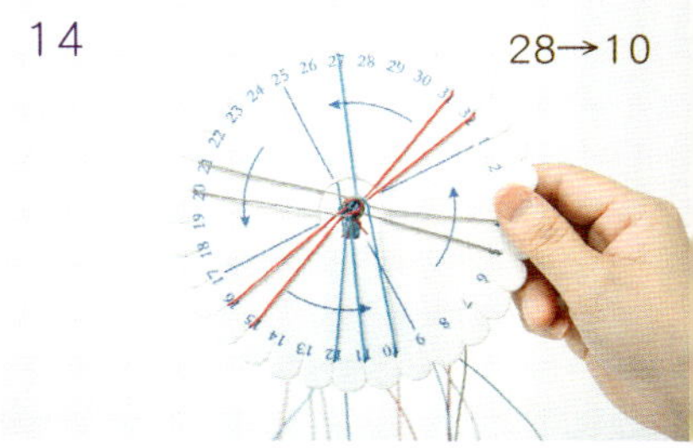

将线从28移到10，向左移动圆形盘编器，正上方为26、27。

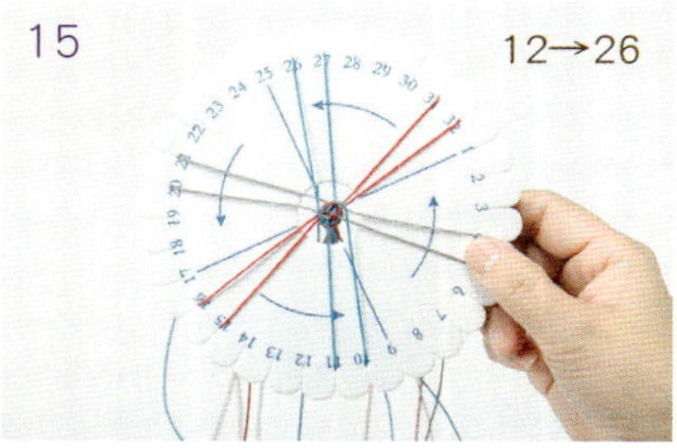

将线从12移到26，向左移动圆形盘编器，正上方为31、32。

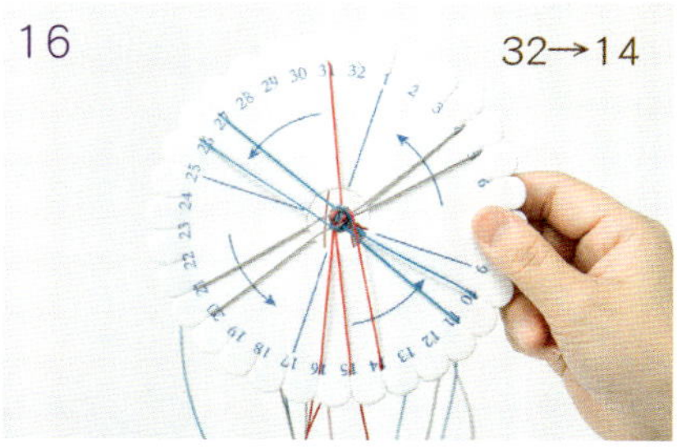

将线从32移到14。

将线从16移到30，向左移动圆形盘编器，正上方为4、5。

操作步骤

18 5→19

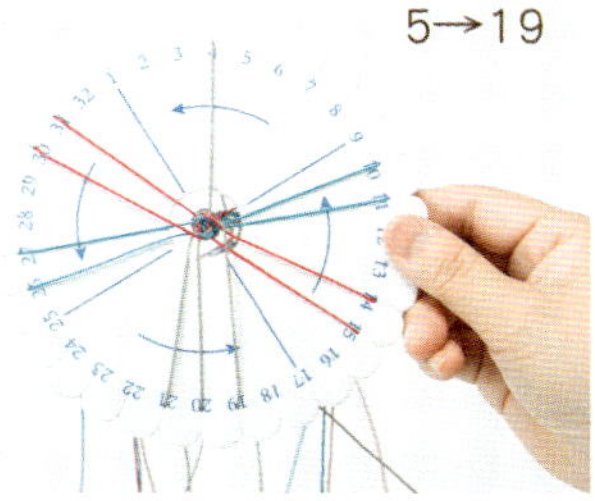

将线从5移到19。

19 21→3

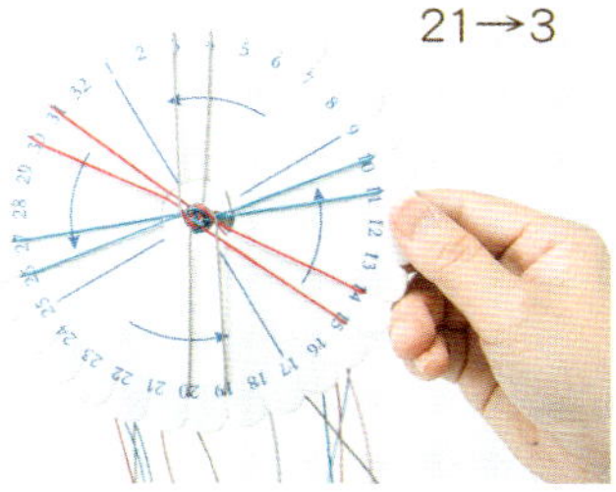

将线从21移到3，圆形盘编器向左转，正上方为10、11。

20 11→25

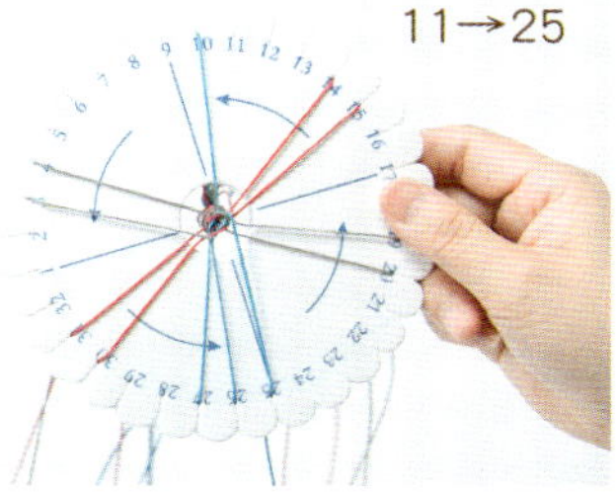

将线从11移到25。

21 27→9

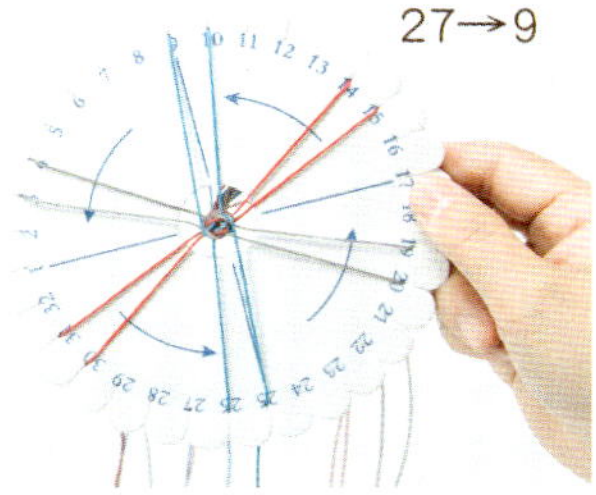

将线从27移到9，圆形盘编器向左转，正上方为14、15。

22 15→29

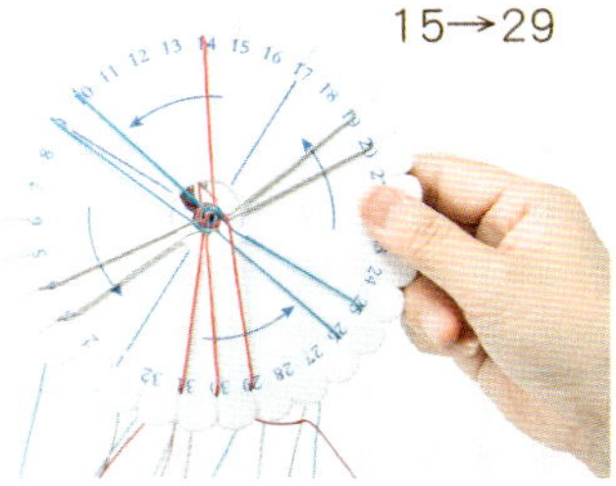

将线从15移到29。

23 31→13

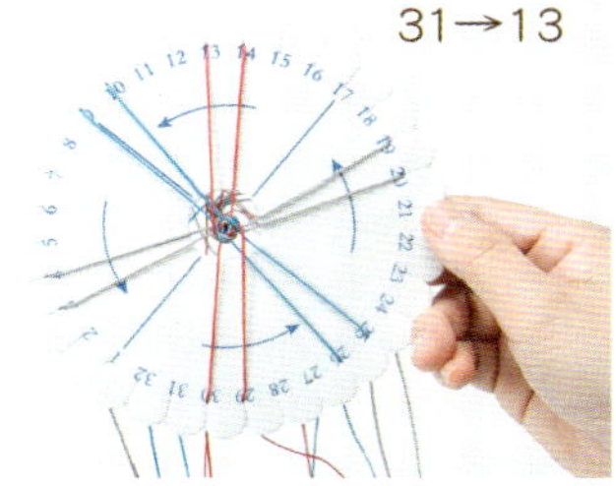

将线从31移到13。

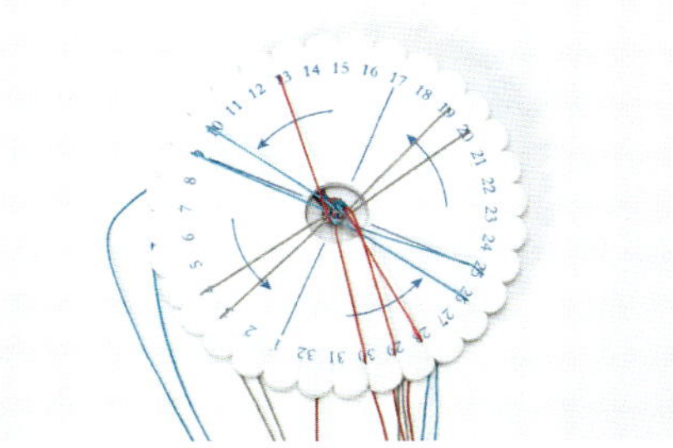

※若中途需暂停时，需将上线往下放的步骤操作完，继续做时易于辨识。

24

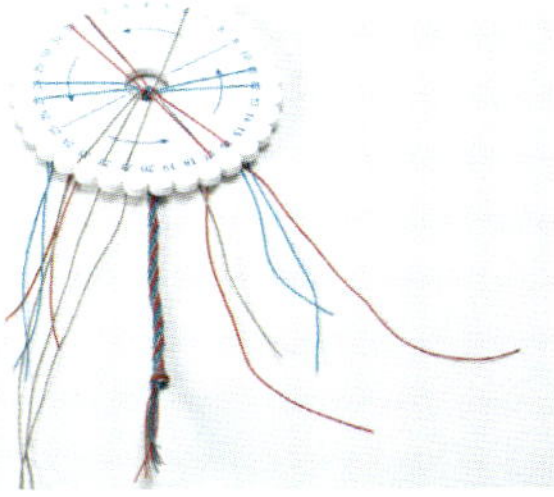

按此方法编至所需长度，将所有线从圆形盘编器上取下。

25

完成作品。

提示小卡　示范款式：基本十二股编

材料：
1. 桃红色蚕丝蜡线70cm 4根
   蓝色蚕丝蜡线70cm 4根
   灰色蚕丝蜡线70cm 4根
2. 饰品1个
3. 手链扣1组

完成长度：16cm

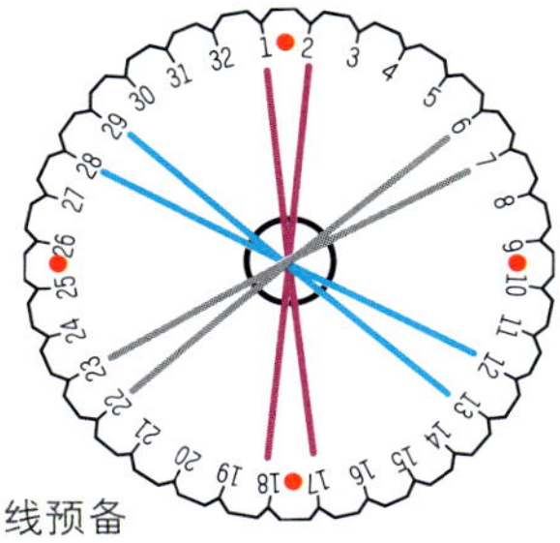

挂线预备

基本十二股编

辅助工具：圆形盘编器
操作说明：参照本页操作顺序表

提示小卡

材料：
1. 紫色蚕丝蜡线50cm 4根
   绿色蚕丝蜡线50cm 4根
   白色蚕丝蜡线50cm 4根
2. 饰品3个
3. 手链扣1组

完成长度：16cm

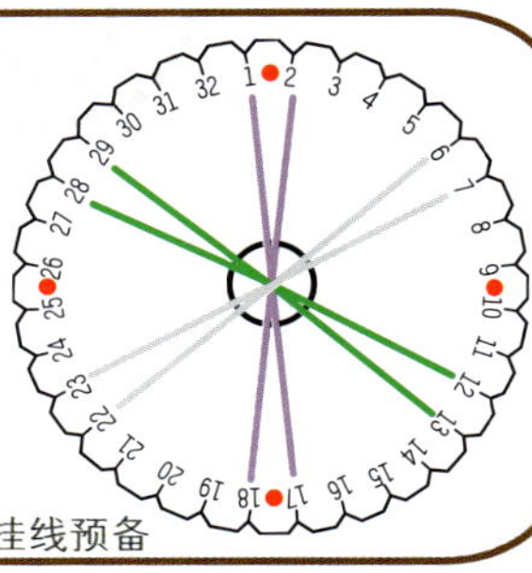
挂线预备

提示小卡

材料：
1. 紫色毛线70cm 4根
   粉红色毛线70cm 4根
   白色毛线70cm 4根
2. 饰品1个
3. 手链扣1组

完成长度：15cm

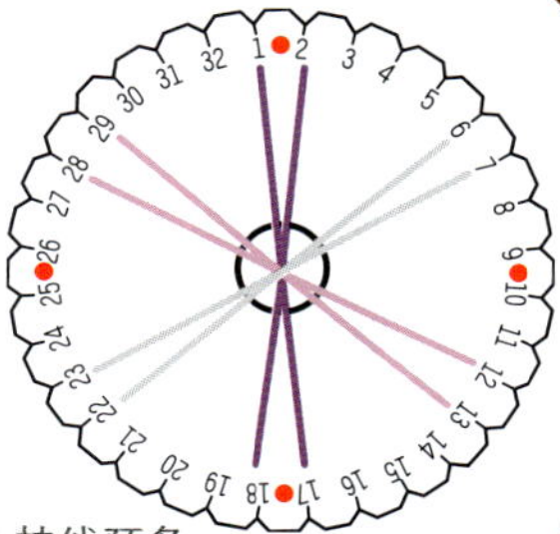
挂线预备

提示小卡

材料：
1. 墨绿色蚕丝蜡线50cm 4根
   浅绿色蚕丝蜡线50cm 4根
   荧光绿色蚕丝蜡线50cm 4根
2. 饰品3个
3. 手链扣1组

完成长度：16cm

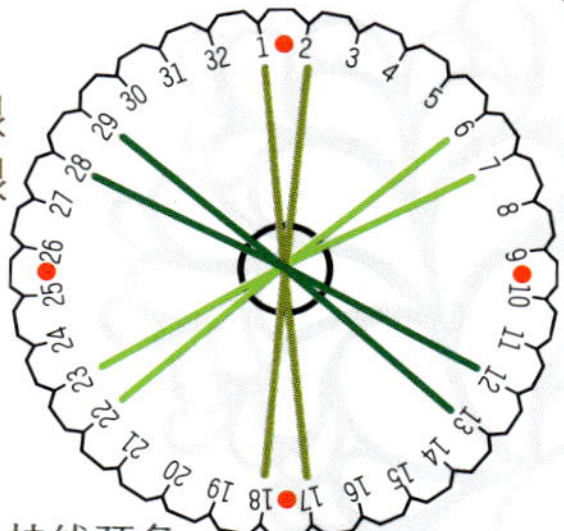
挂线预备

提示小卡

材料：
1. 彩色绣线70cm 12根
2. 饰品3个
3. 手链扣1组

完成长度：16cm

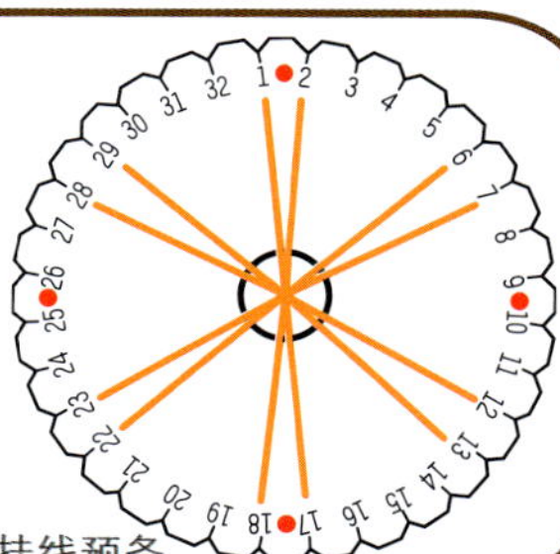
挂线预备

操作顺序表

1	2→16
2	18→32
3	7→21
4	23→5
5	13→27
6	29→11
7	17→31
8	1→15
9	22→4
10	6→20
11	28→10
12	12→26
13	32→14
14	16→30
15	5→19
16	21→3
17	11→25
18	27→9
19	15→29
20	31→13

依右下左上的移线方式继续操作

举一反三练习

辅助工具：圆形盘编器
操作说明：参照P.24操作顺序表

提示小卡

材料：
1. 黑色毛线70cm 4根
   灰色毛线70cm 4根
   白色毛线70cm 4根
2. 饰品1个
3. 手链扣1组

完成长度：15cm

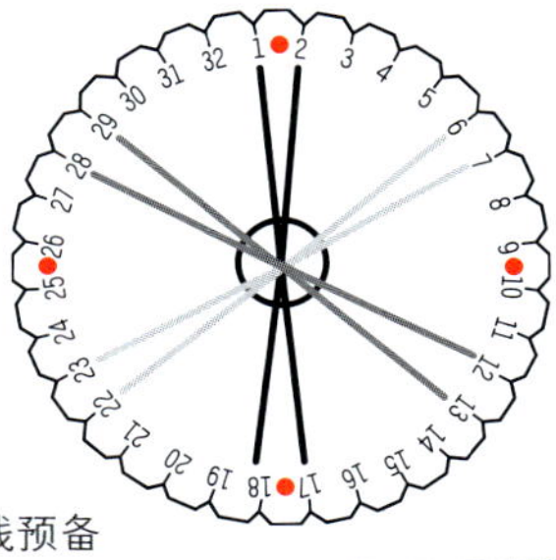

挂线预备

提示小卡

材料：
1. 黄色蚕丝蜡线50cm 4根
   橘色蚕丝蜡线50cm 4根
   卡其色蚕丝蜡线50cm 4根
2. 饰品3个
3. 手链扣1组

完成长度：16cm

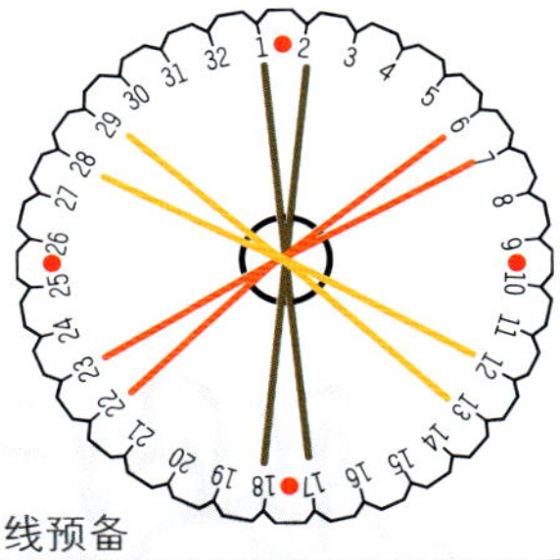

挂线预备

提示小卡

材料：
1. 蓝色毛线70cm 4根
   红色毛线70cm 4根
   白色毛线70cm 4根
2. 饰品3个
3. 手链扣1组

完成长度：15cm

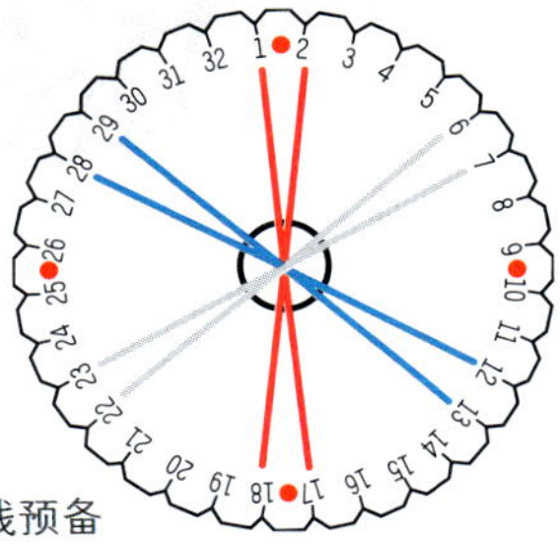

挂线预备

基本十六股编

基本十六股编

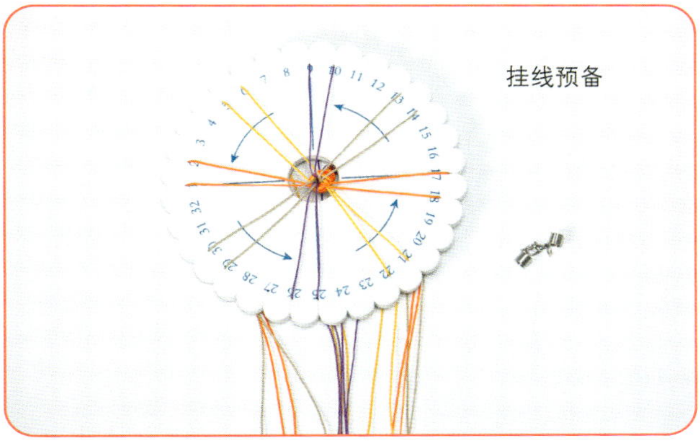

参照P.31操作顺序表

挂线位置
A色：1、2、17、18
B色：5、6、21、22
C色：9、10、25、26
D色：13、14、29、30

准备4种颜色的线，每种长70cm，各4根(共16根)，先将线头打结。如图挂好线。

1-1

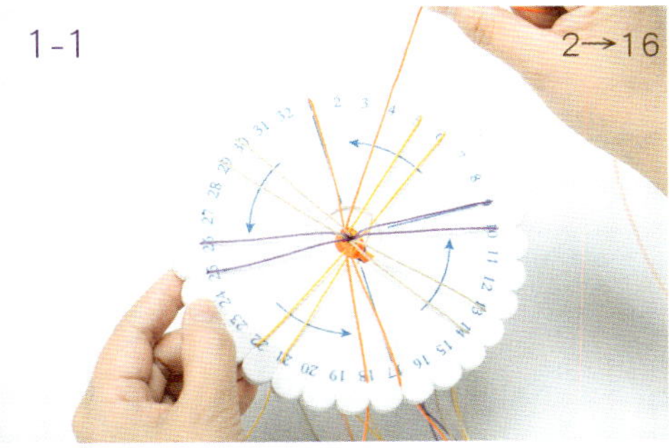

1-2

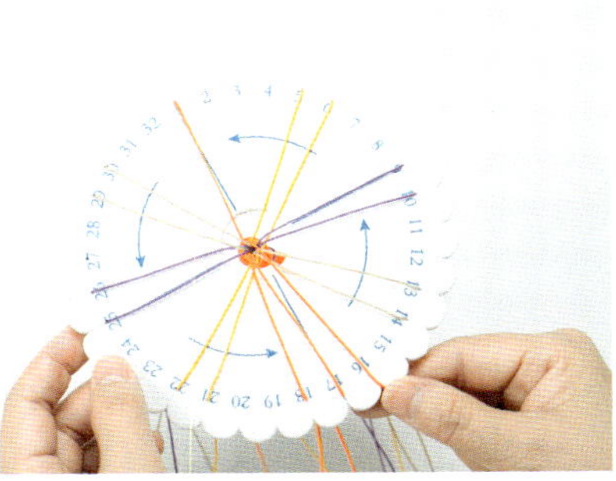

拉起线从2移到16。

2

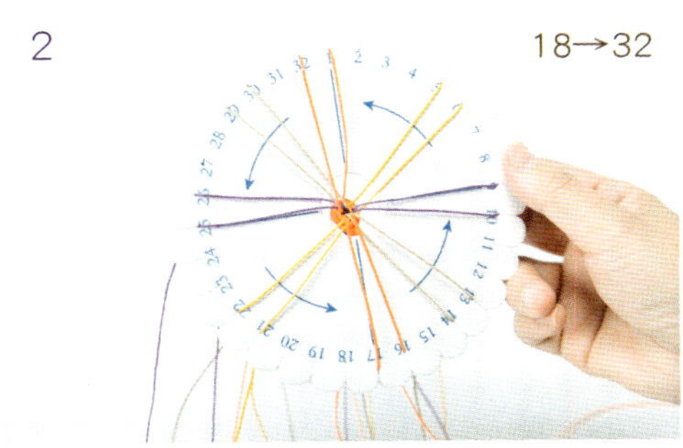

先将线从18移到32，再将圆形盘编器向左转，正上方为5、6。

3

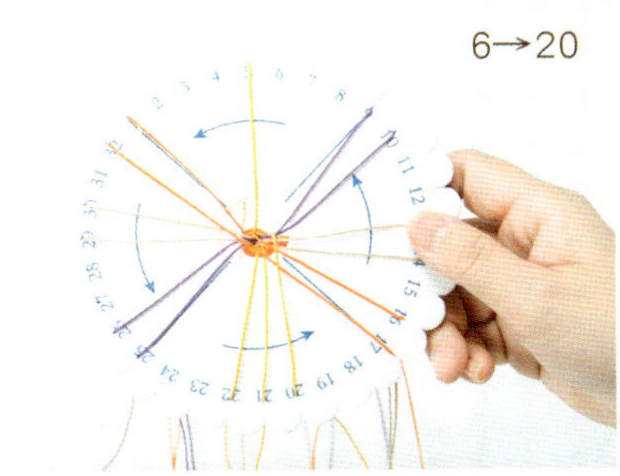

将线从6移到20。

操作步骤

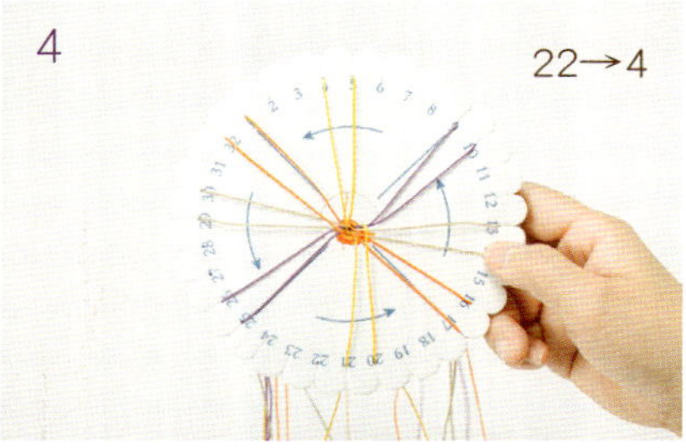

先将线从22移到4，再将圆形盘编器向左转，正上方为9、10。

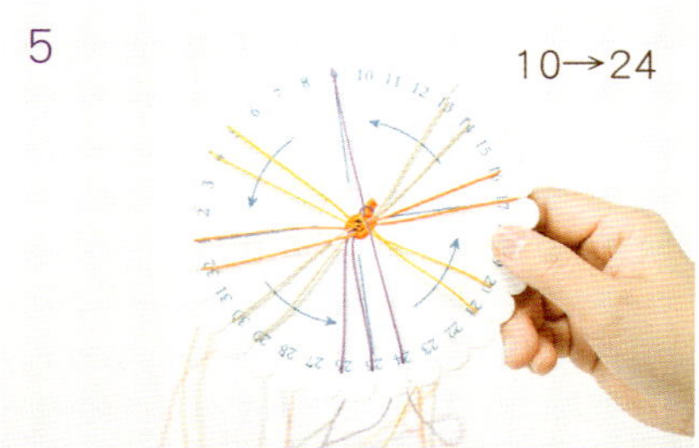

将线从10移到24。

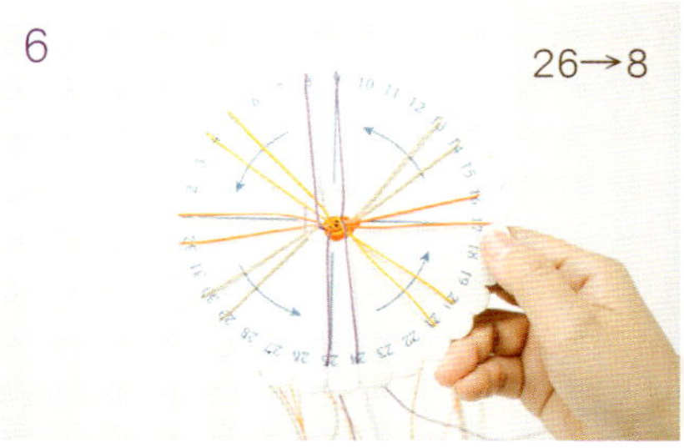

先将线从26移到8，再将圆形盘编器向左转，正上方为13、14。

将线从14移到28。

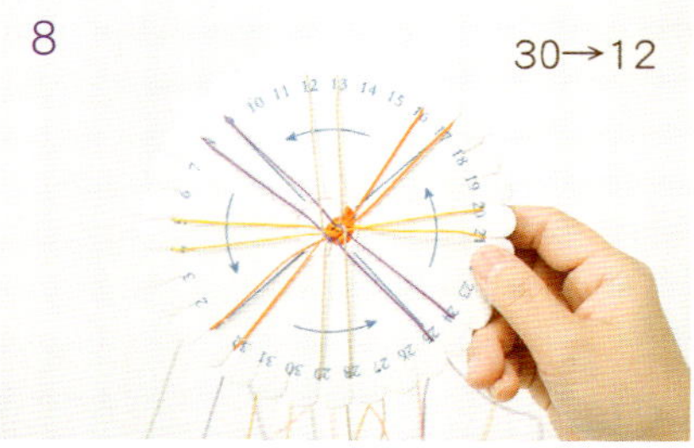

先将线从30移到12，再将圆形盘编器向左转，正上方为18、17。

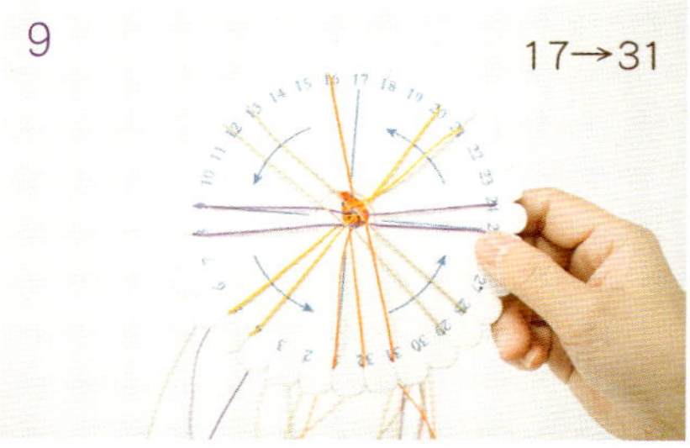

将线从17移到31。

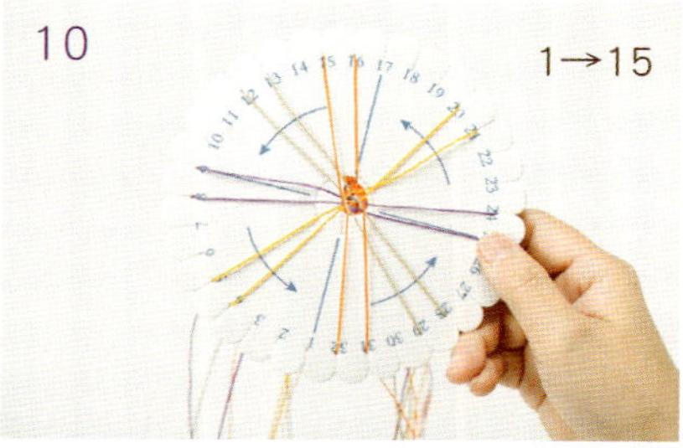

先将线从1移到15，再将圆形盘编器向左转，正上方为20、21。

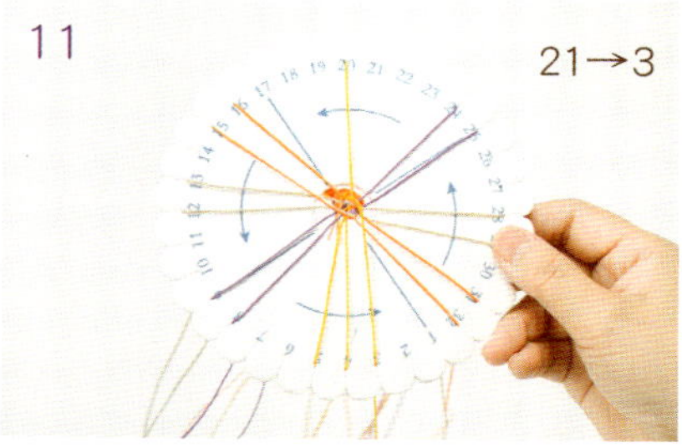

将线从21移到3。

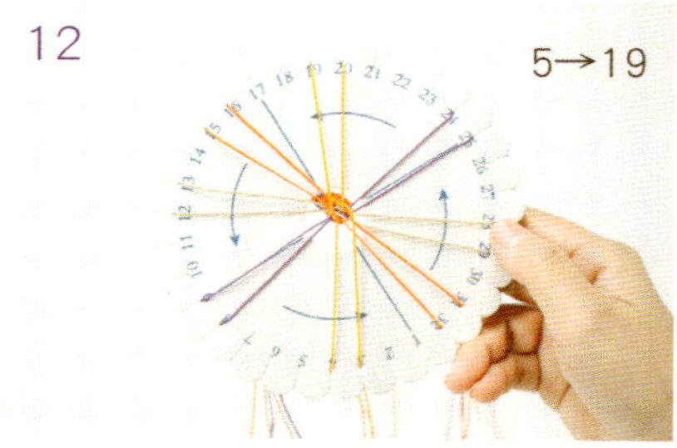

先将线从5移到19，再将圆形盘编器向左转，正上方为24、25。

操作步骤

13 25→7

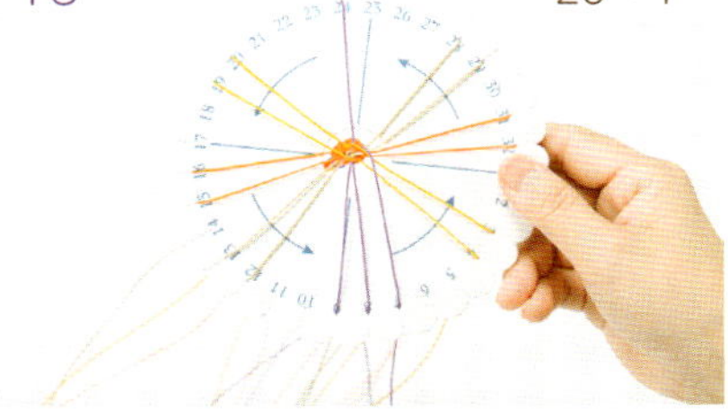

将线从25移到7。

14 9→23

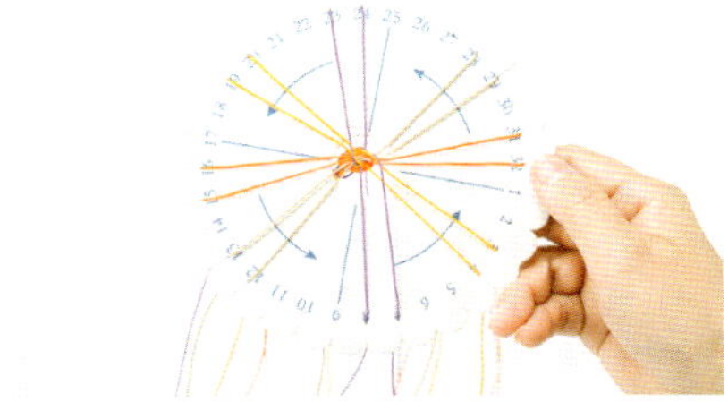

先将线从9移到23，再将圆形盘编器向左转，正上方为28、29。

15 29→11

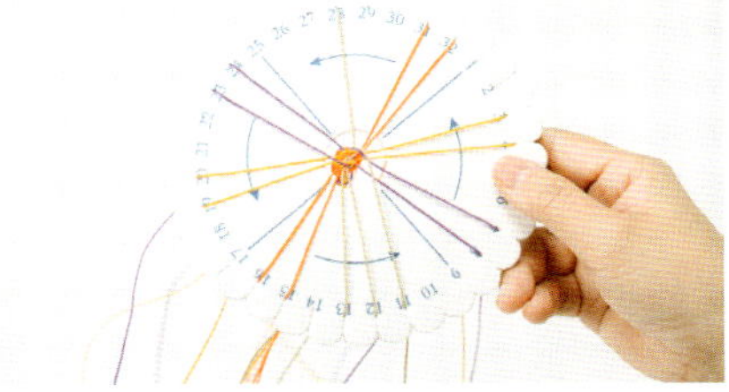

将线从29移到11。

16 13→27

先将线从13移到27，再将圆形盘编器向左转，正上方为31、32。

17 32→14

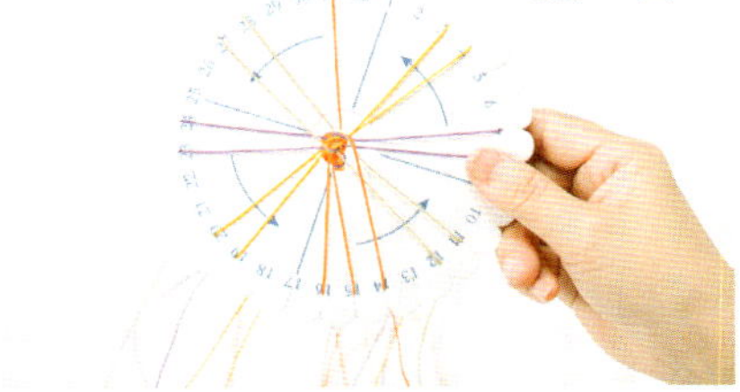

将线从32移到14。

18 16→30

先将线从16移到30，再将圆形盘编器向左转，正上方为3、4。

19 4→18

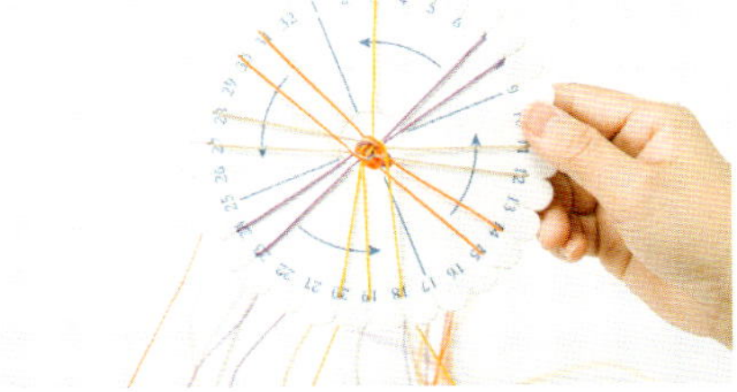

将线从4移到18。

20 20→2

将线从20移到2。

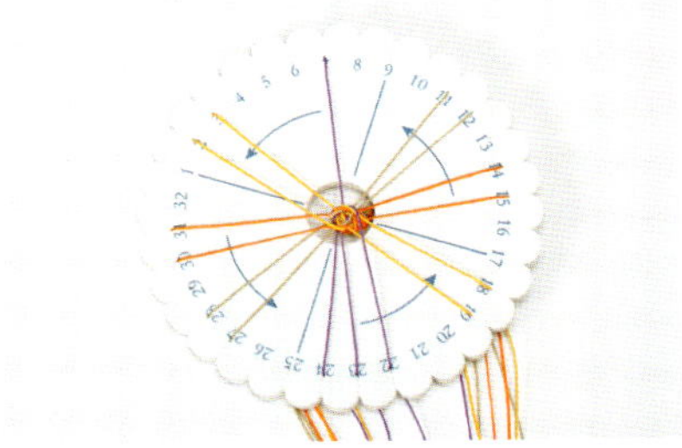

※若中途需暂停时，需将上线往下放的步骤操作完，继续做时易于辨识。

操作步骤

21

按此方法编至所需长度，将所有线从圆形盘编器上取下。

22

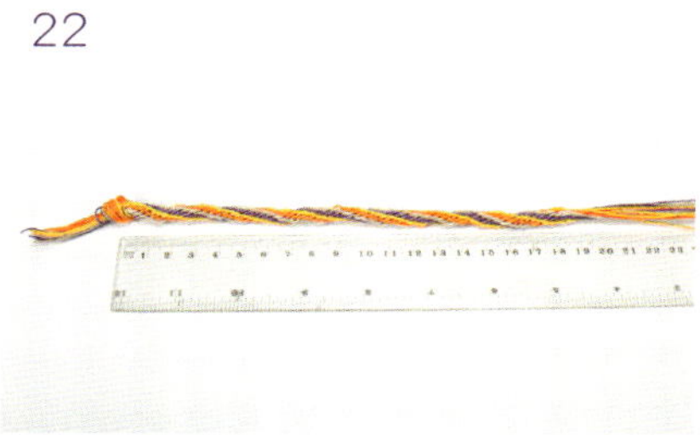

此为尚未拉长的作品(长为18cm)。

23

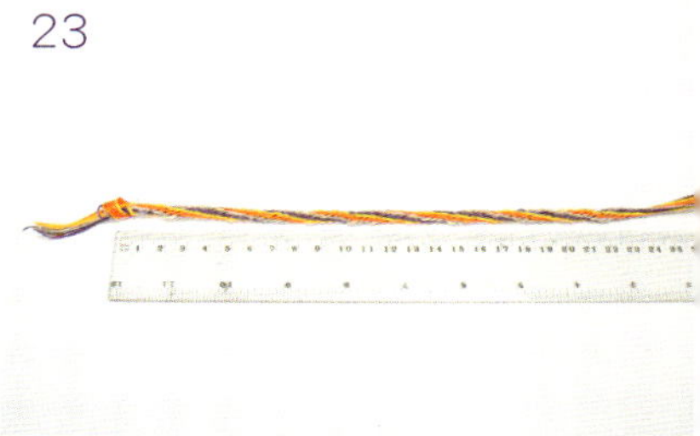

经拉扯后的作品，长约为22cm。

24

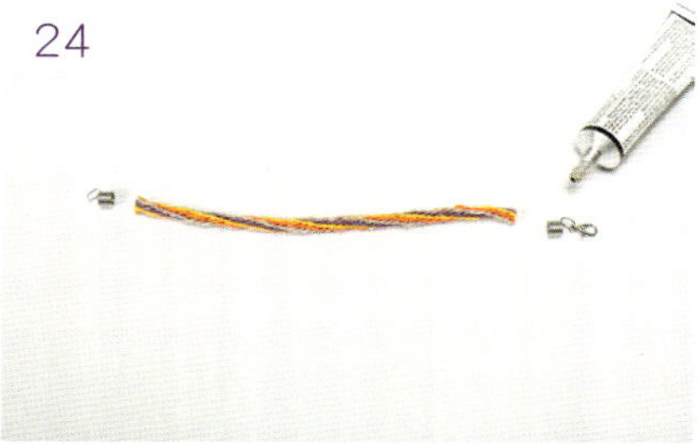

取所需长度，涂胶待干，剪去头尾两端的线。

25

挤出适量的透明胶于镍管内。

26

将涂有透明胶的一端塞入镍管中。

27

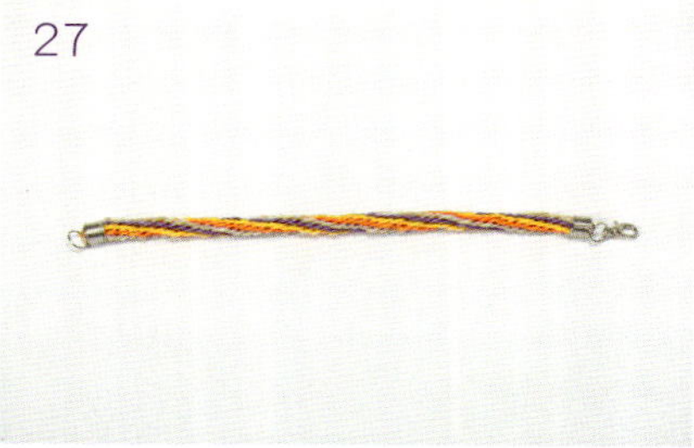

静置晾干。

28

作品完成。

提示小卡

示范款式：基本十六股编

材料：
1. 紫色蚕丝蜡线70cm 4根
   卡其色蚕丝蜡线70cm 4根
   黄色蚕丝蜡线70cm 4根
   橘色蚕丝蜡线70cm 4根
2. 饰品1个
3. 手链扣1组

完成长度：16cm

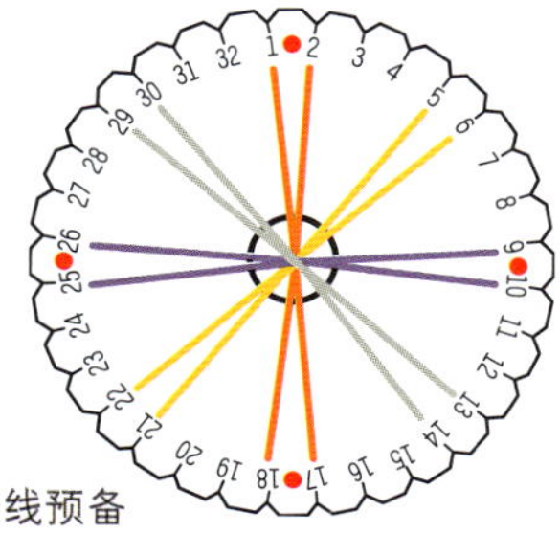

挂线预备

基本十六股编

辅助工具：圆形盘编器
操作说明：参照本页操作顺序表

提示小卡

材料：
1. 红色蚕丝蜡线70cm 5根
   蓝色蚕丝蜡线70cm 3根
   白色蚕丝蜡线70cm 8根
2. 饰品1个
3. 手链扣1组

完成长度：16cm

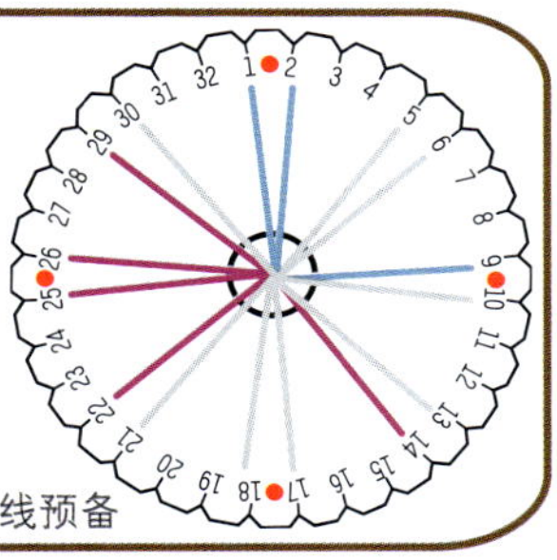

挂线预备

提示小卡

材料：
1. 黑色蚕丝蜡线70cm 9根
   蓝色蚕丝蜡线70cm 6根
   白色蚕丝蜡线70cm 1根
2. 饰品3个
3. 手链扣1组

完成长度：16cm

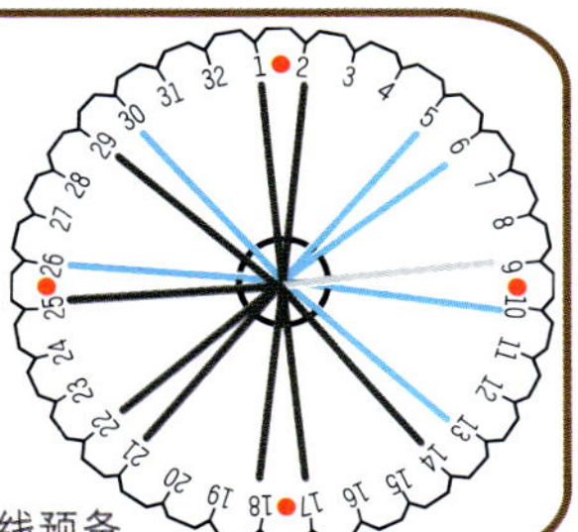

挂线预备

提示小卡

材料：
1. 粉红色蚕丝蜡线60cm 6根
   咖啡色蚕丝蜡线60cm 2根
   荧光橘色蚕丝蜡线 60cm 2根
   黄色蚕丝蜡线60cm 2根
2. 饰品3个
3. 手链扣1组

完成长度：16cm

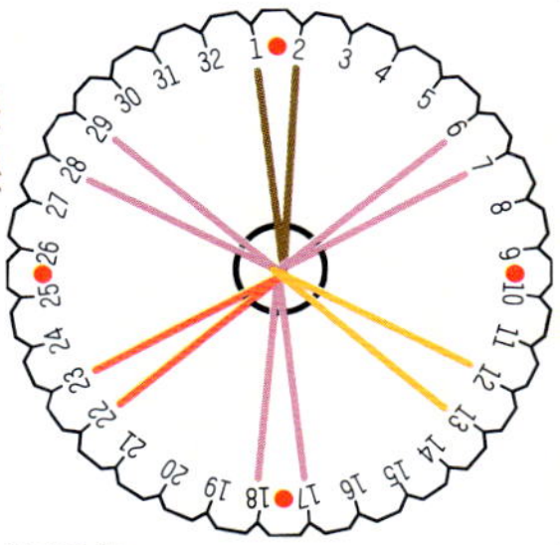

挂线预备

提示小卡

材料：
1. 黄色蚕丝蜡线60cm 13根
   咖啡色蚕丝蜡线60cm 1根
   蓝色蚕丝蜡线60cm 1根
   橘红色蚕丝蜡线60cm 1根
2. 饰品1个
3. 手链扣1组

完成长度：16cm

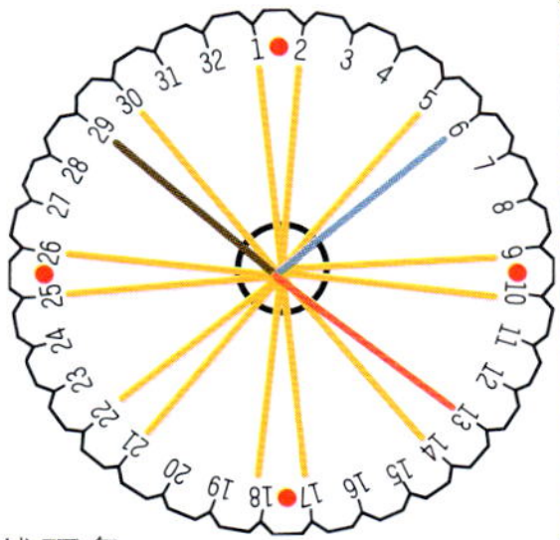

挂线预备

操作顺序表

1	2→16
2	18→32
3	6→20
4	22→4
5	10→24
6	26→8
7	14→28
8	30→12
9	17→31
10	1→15
11	21→3
12	5→19
13	25→7
14	9→23
15	29→11
16	13→27
17	32→14
18	16→30
19	4→18
20	20→2

依右下左上的移线方式继续操作

举一反三练习

辅助工具：圆形盘编器
操作说明：参照P.31操作顺序表

提示小卡

材料：
1. 蓝色蚕丝蜡线70cm 12根
   银葱线70cm 4根
2. 饰品1个
3. 手链扣1组
完成长度：16cm

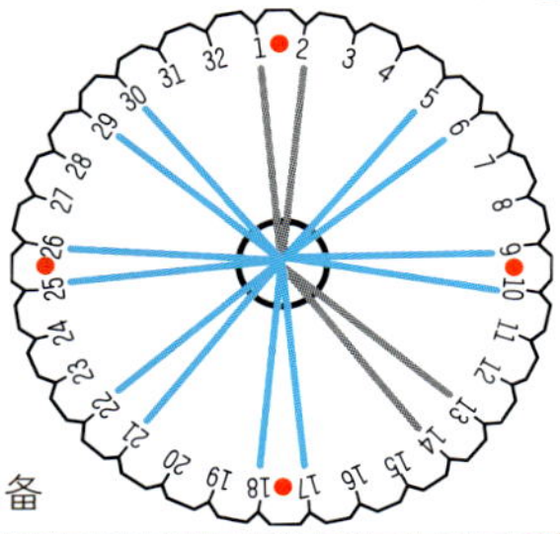
挂线预备

提示小卡

材料：
1. 紫色蚕丝蜡线70cm 9根
   粉红色蚕丝蜡线70cm 6根
   白色蚕丝蜡线70cm 1根
2. 饰品3个
3. 手链扣1组
完成长度：16cm

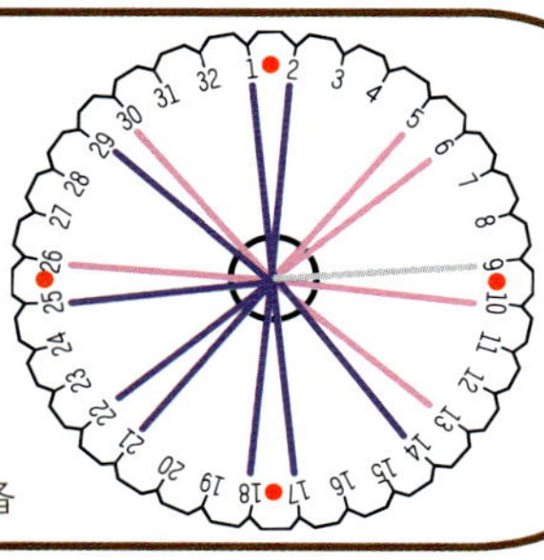
挂线预备

提示小卡

材料：
1. 桃红色绣线70cm 8根
   粉红色绣线70cm 4根
   黄色绣线70cm 4根
2. 饰品3个
3. 手链扣1组
完成长度：16cm

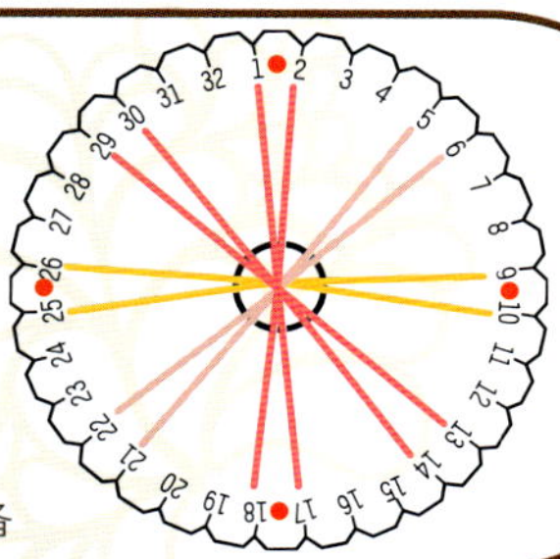
挂线预备

提示小卡

材料：
1. 桃红色绣线70cm 12根
   粉红色绣线70cm 4根
2. 饰品3个
3. 手链扣1组
完成长度：16cm

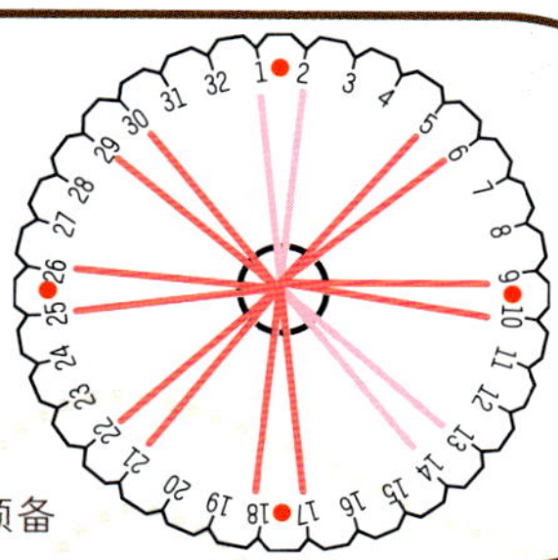
挂线预备

圆形变化十二股编

圆形变化十二股编

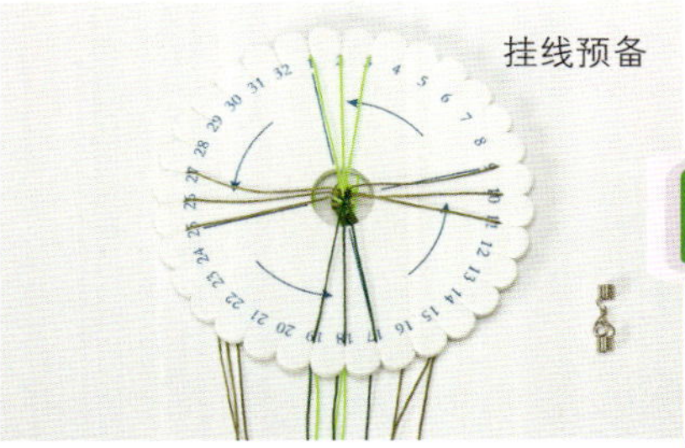

准备3种颜色的线。
A：3根 B：6根 C：3根。
3色共12根，先将线头打结。如图挂好线。

参照P.37操作顺序表

挂线位置
A色：1、2、3
B色：9、10、11、25、26、27
C色：17、18、19

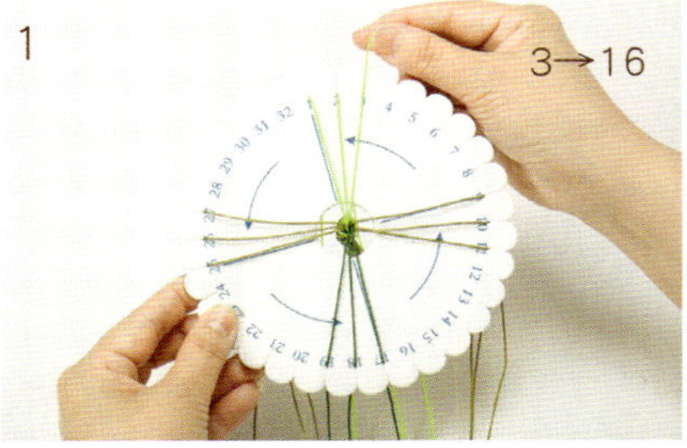

将线从3移到16。

将线从19移到32。

将圆形盘编器向左转，正上方为9、10、11。

将线从11移到24。

先将线从27移到8，再将圆形盘编器向左转。

先将线从18移到31，再将圆形盘编器向左转。

操作步骤

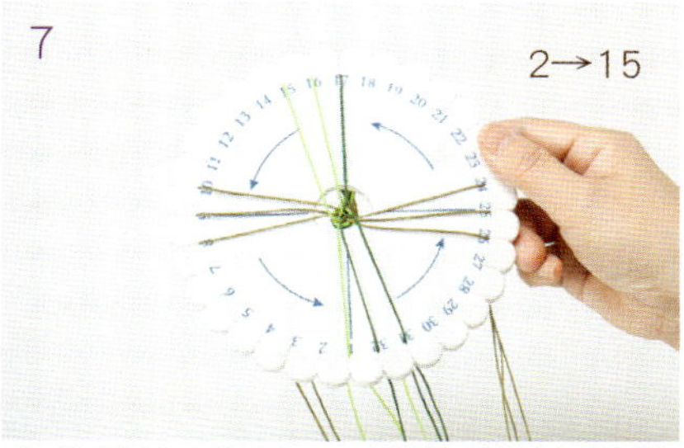

先将线从2移到15，再将圆形盘编器向左转。

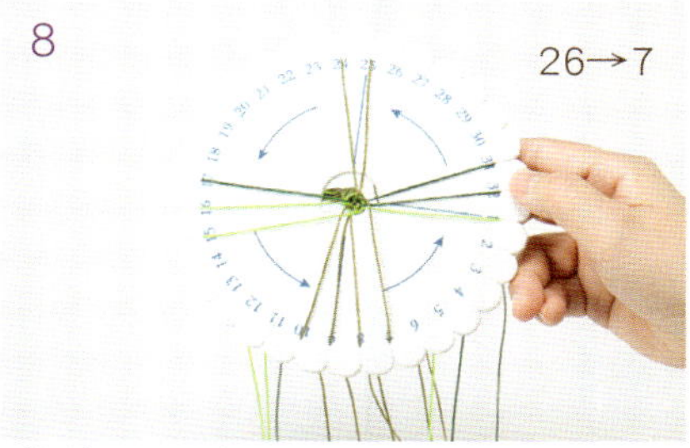

将线从26移到7。

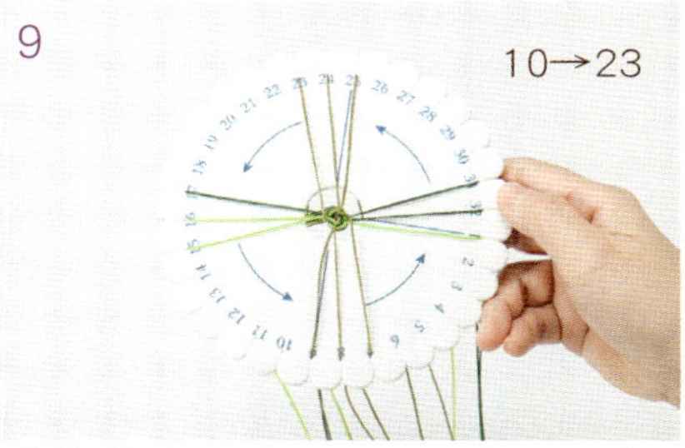

先将线从10移到23，再将圆形盘编器向左转。

将线从1移到14。

先将线从17移到30，再将圆形盘编器向左转。

将线从9移到22。

先将线从25移到6，再将圆形盘编器向左转。

将线从16移到29。

先将线从32移到13，再将圆形盘编器向左转。

将线从24移到5。

先将线从8移到21，再将圆形盘编器向左转。

先将线从31移到12，再将圆形盘编器向左转。

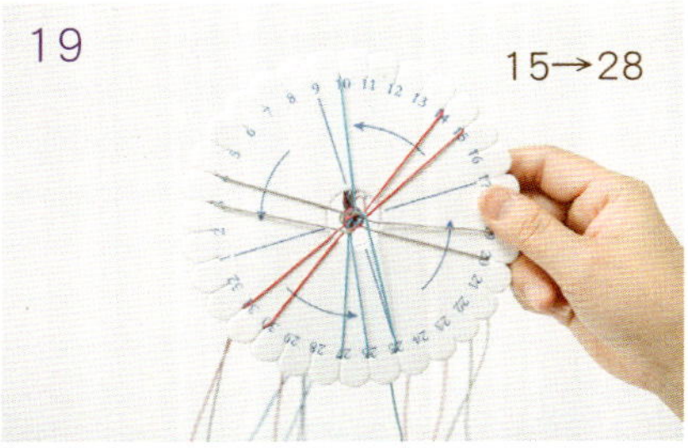

先将线从15移到28，再将圆形盘编器向左转。

将线从7移到20。

先将线从23移到4，再将圆形盘编器向左转。

※若中途需暂停时，需将上线往下放的步骤操作完，继续做时易于辨识。

按此方法编至所需长度，从圆形盘编器上取下所有的线。

加上手链扣，作品完成。

示范款式：圆形变化十二股编

提示小卡

材料:

1. 墨绿色蚕丝蜡线70cm 6根
   深绿色蚕丝蜡线70cm 3根
   荧光绿色蚕丝蜡线70cm 3根
2. 饰品1个
3. 手链扣1组

完成长度：16cm

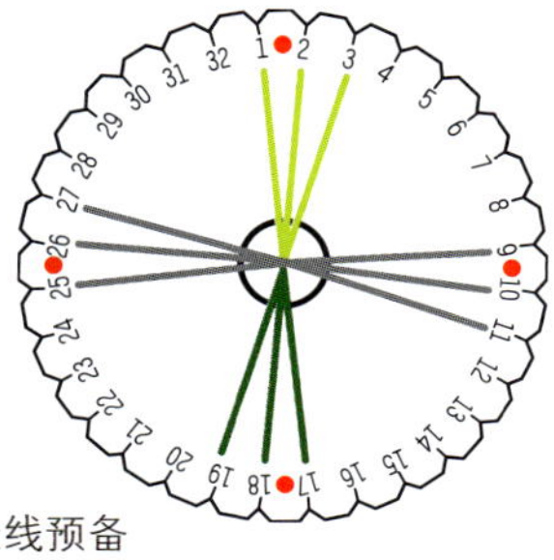

挂线预备

圆形变化十二股编

辅助工具：圆形盘编器
操作说明：参照本页操作顺序表

提示小卡

材料：
1. 黄色蚕丝蜡线60cm 4根
   咖啡色蚕丝蜡线60cm 4根
   荧光橘色蚕丝蜡线60cm 4根
2. 饰品3个
3. 手链扣1组

完成长度：16cm

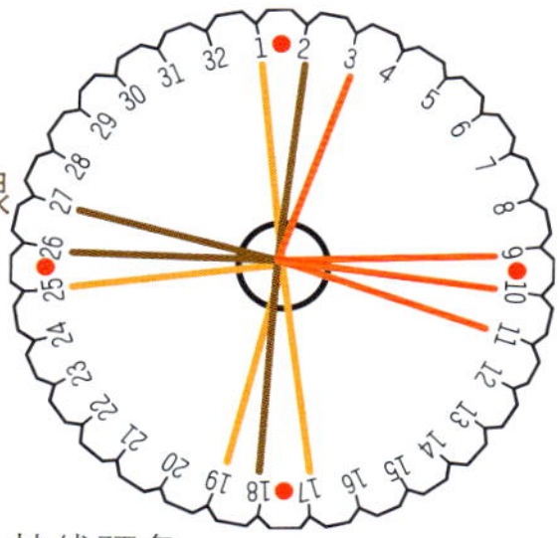

挂线预备

提示小卡

材料：
1. 紫色玉线A 60cm 6根
   粉红色玉线A 60cm 6根
2. 饰品3个
3. 手链扣1组

完成长度：16cm

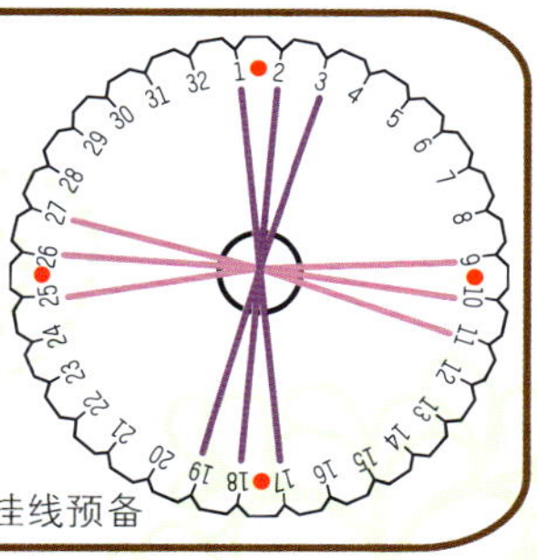

挂线预备

提示小卡

材料：
1. 桃红色玉线A 70cm 6根
   粉红色玉线A 70cm 6根
2. 饰品3个
3. 手链扣1组

完成长度：15cm

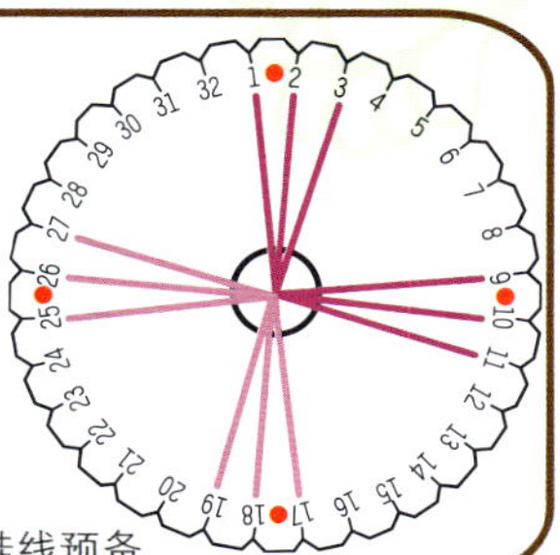

挂线预备

操作顺序表

1	3→16
2	19→32
3	11→24
4	27→8
5	18→31
6	2→15
7	26→7
8	10→23
9	1→14
10	17→30
11	9→22
12	25→6
13	16→29
14	32→13
15	24→5
16	8→21
17	31→12
18	15→28
19	7→20
20	23→4

依右下左上的移线方式继续操作

圆形不规则变化十股编

操作步骤

圆形不规则变化十股编

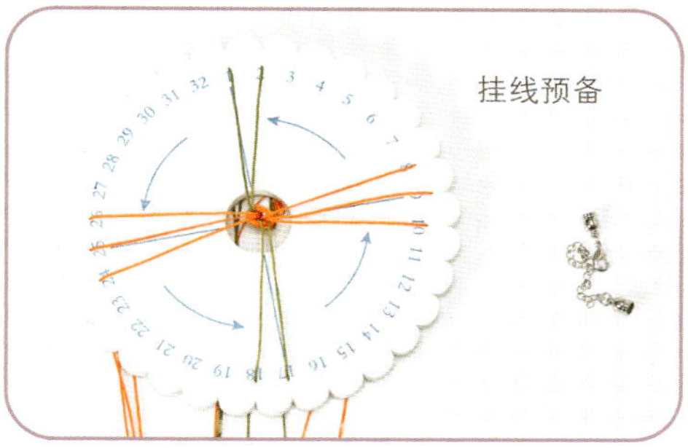

参照P.42操作顺序表

挂线位置
A: 1、2、17、18
B: 8、9、10、24、25、26

准备两种颜色的线。
A线4根各90cm。
B线6根各60cm（共10根）。将线头打结。如图挂好线。

1-1

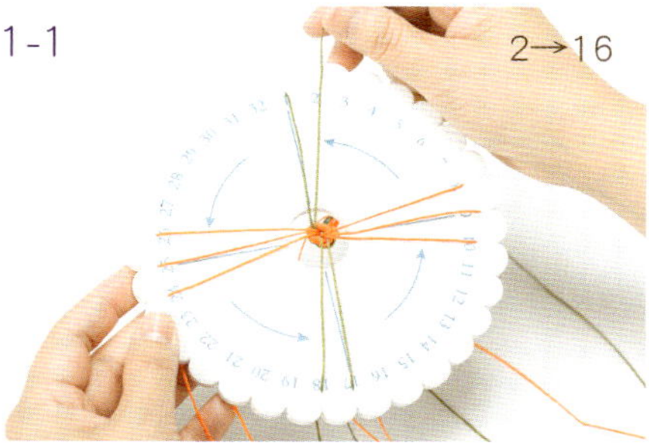

1-2

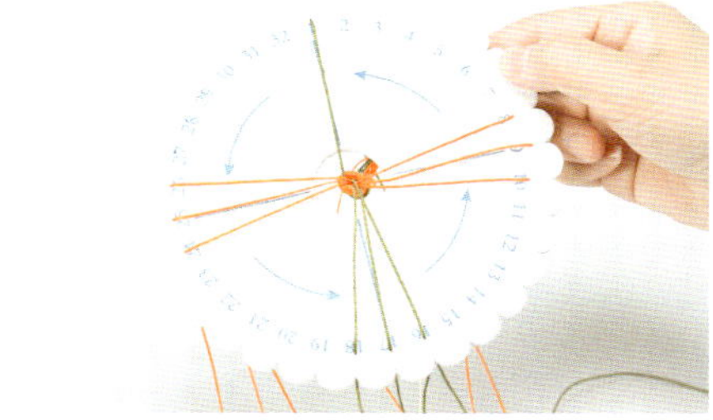

拉起线从2移到16。

2

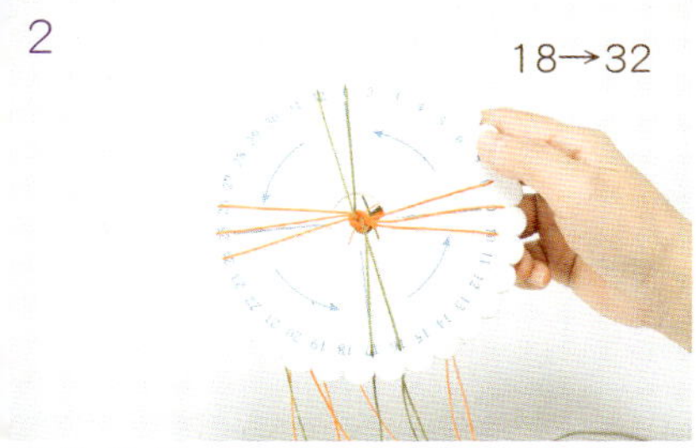

先将线从18移到32，再将圆形盘编器向左转。

3

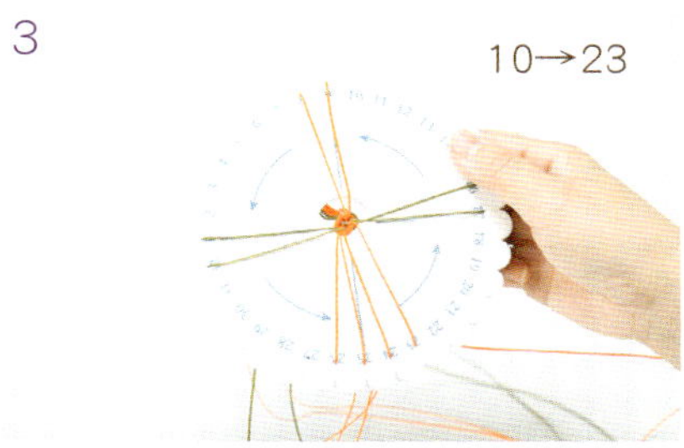

将线从10移到23。

4

先将线从26移到7，再将圆形盘编器向左转。

5

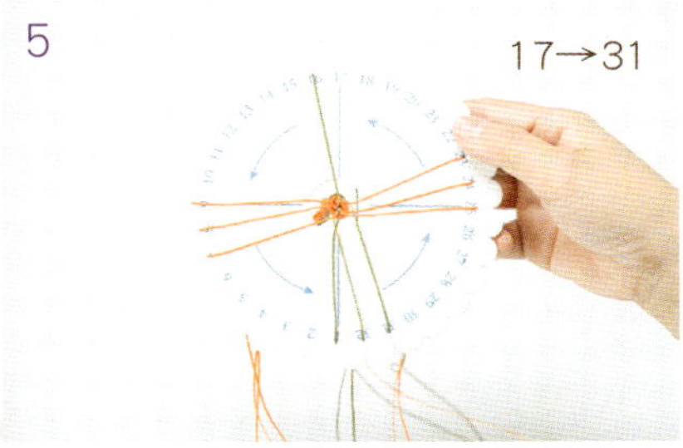

将线从17移到31。

6

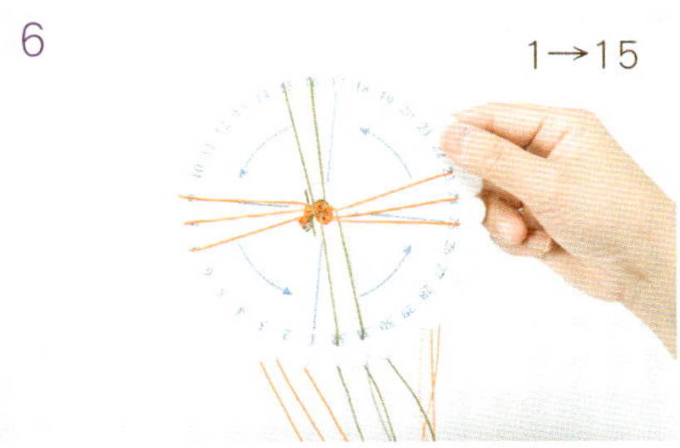

先将线从1移到15，再将圆形盘编器向左转。

7

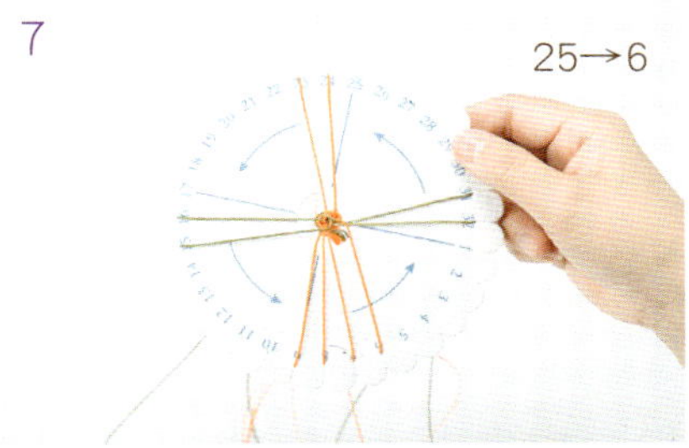

将线从25移到6。

操作步骤

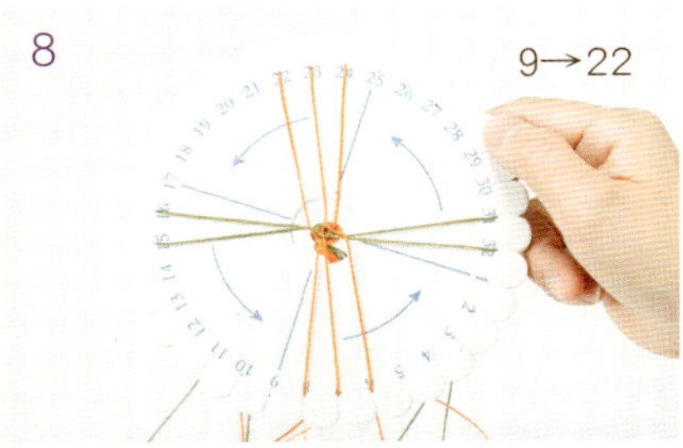

先将线从9移到22，再将圆形盘编器向左转。

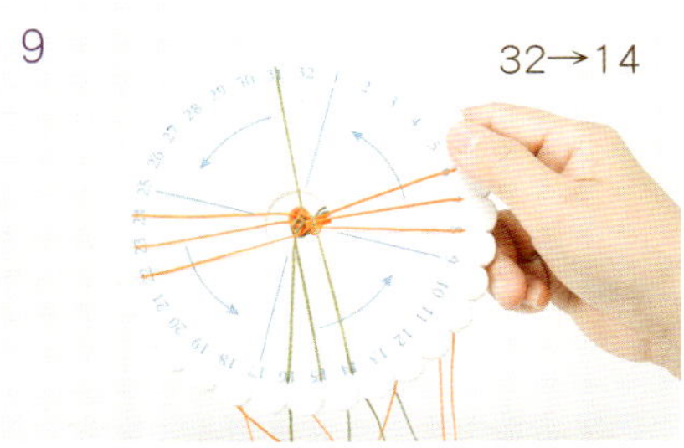

将线从32移到14。

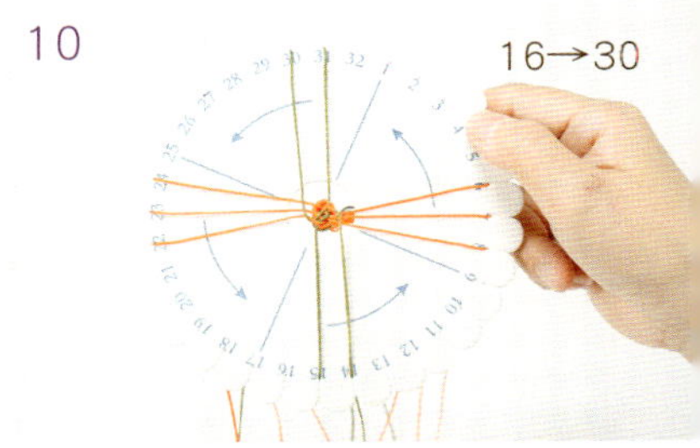

先将线从16移到30，再将圆形盘编器向左转。

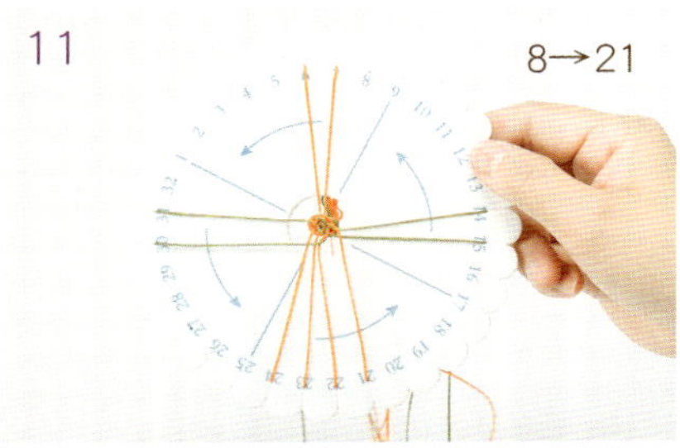

将线从8移到21。

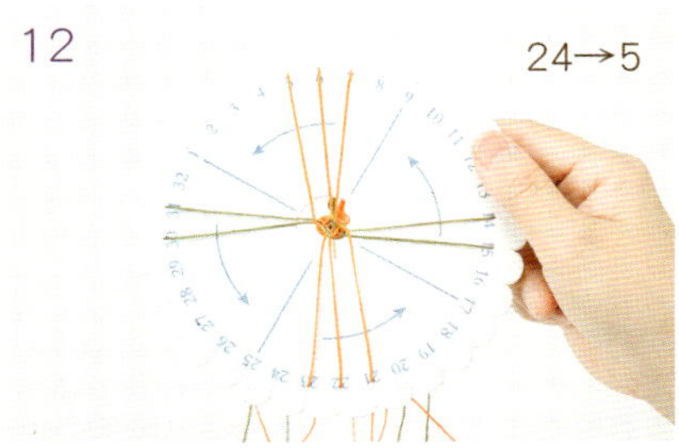

先将线从24移到5，再将圆形盘编器向左转。

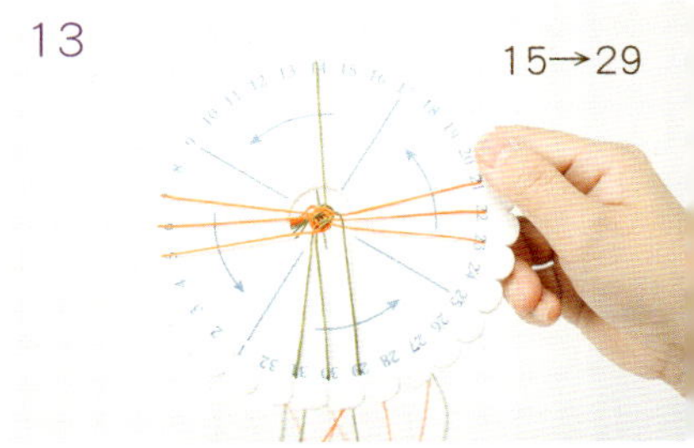

将线从15移到29。

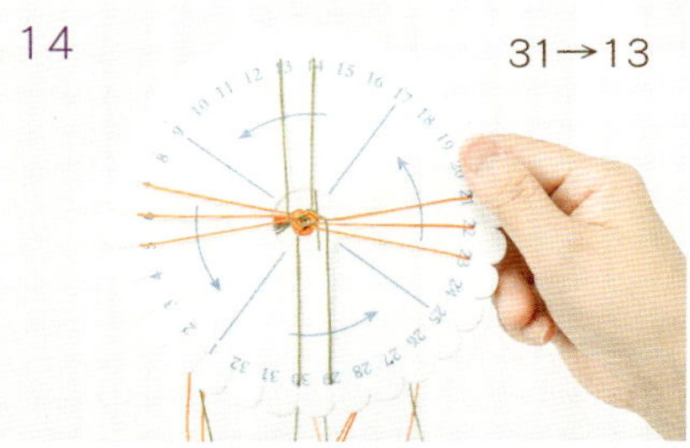

先将线从31移到13，再将圆形盘编器向左转。

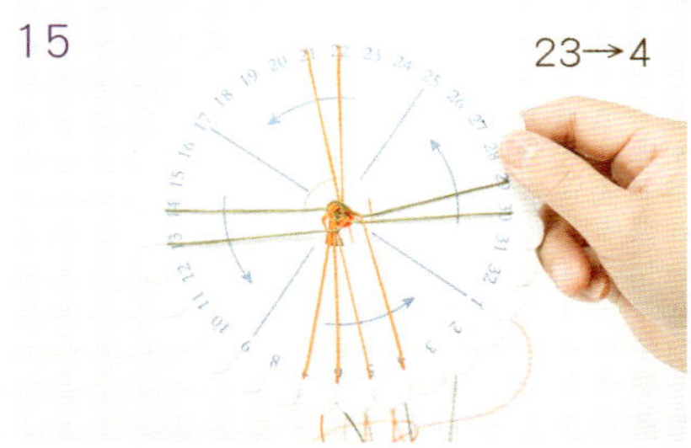

将线从23移到4。

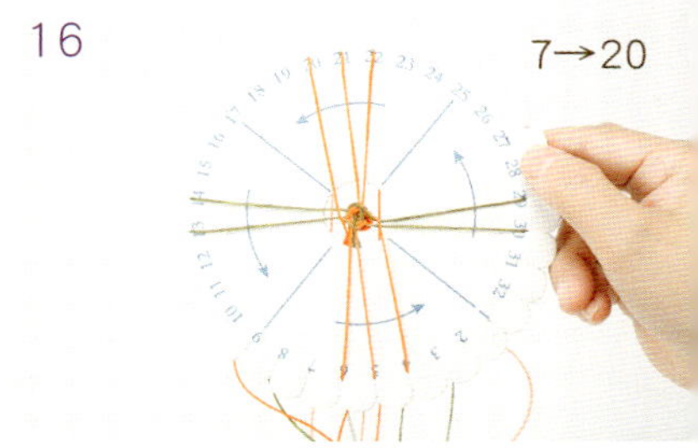

先将线从7移到20，再将圆形盘编器向左转。

将线从30移到12。

先将线从14移到28，再将圆形盘编器向左转。

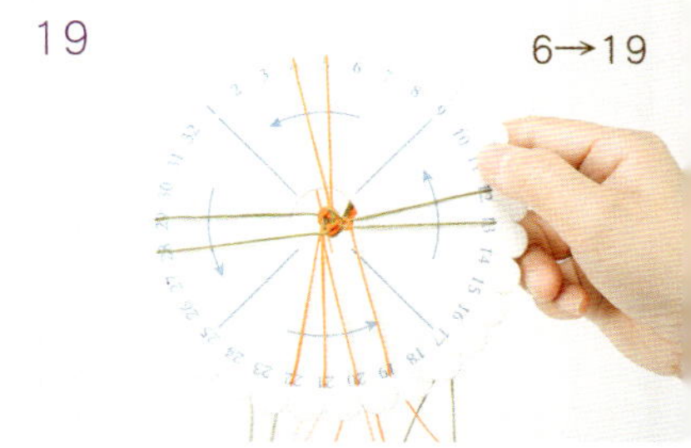

将线从6移到19。

20

先将线从22移到3，再将圆形盘编器向左转。

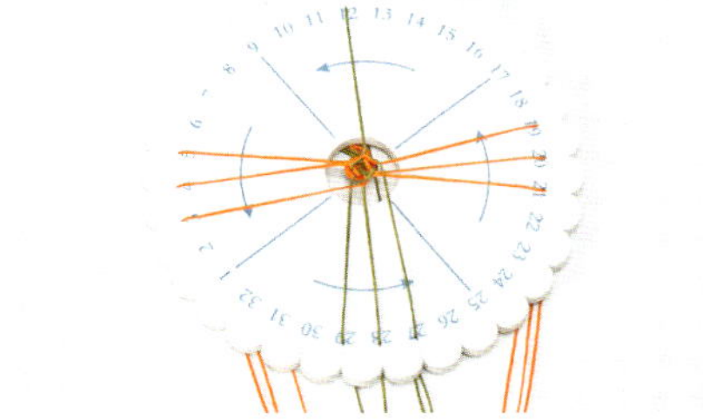

※若中途需暂停时，需将上线往下放的步骤操作完，继续做时易于辨识。

21

按此方法编至所需长度，作品即可自圆形盘编器上取下。

22

蚕丝蜡线有伸缩性，未拉伸前作品长为16cm。

23

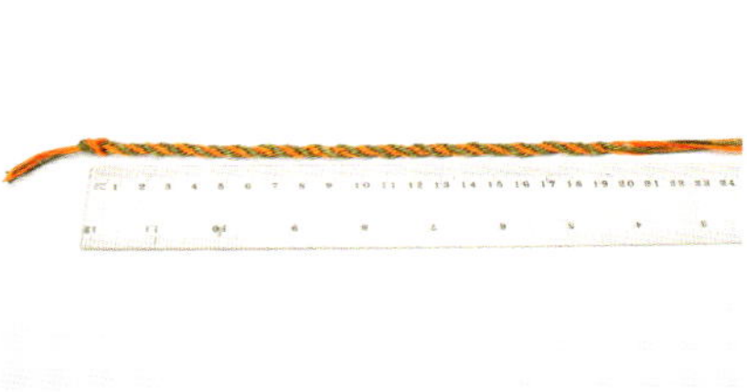

拉伸后，其作品长度可达到19cm。

24

量出所需长度，涂透明胶待干，再剪掉头尾不需要的部分。

25

两端装上手链扣镍管。

26

静置晾干。

完成作品。

提示小卡

示范款式：圆形不规则变化十股编

材料:
1. 绿色蚕丝蜡线90cm 4根
   橘色蚕丝蜡线60cm 6根
2. 饰品1串
3. 手链扣1组

完成长度：15cm

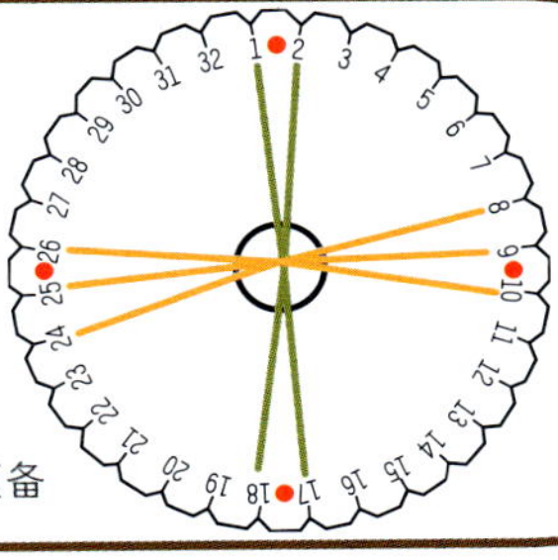

挂线预备

辅助工具：圆形盘编器
操作说明：参照本页操作顺序表

圆形不规则变化十股编

提示小卡

材料：
1. 彩色蚕丝蜡线 60cm 10根
2. 饰品1个
3. 手链扣1组

完成长度：15cm

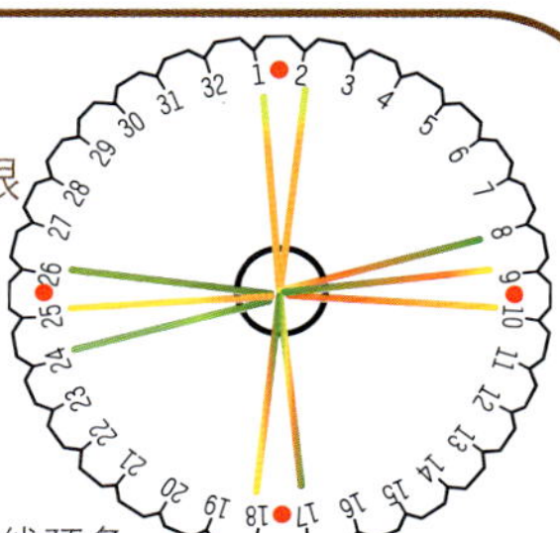

挂线预备

提示小卡

材料：
1. 黄色蚕丝蜡线60cm 6根
   花色蚕丝蜡线90cm 4根
2. 饰品3个
3. 手链扣1组

完成长度：16cm

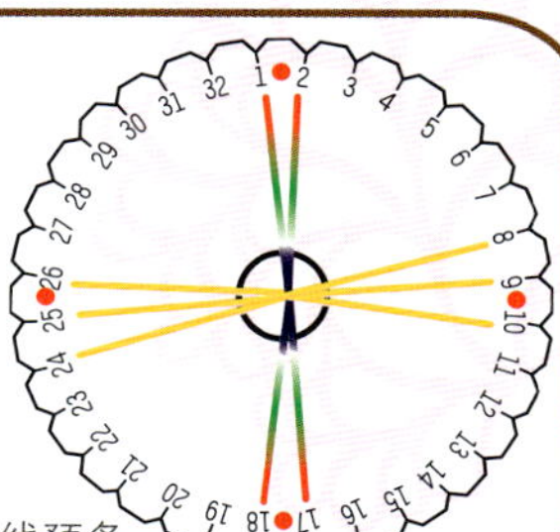

挂线预备

操作顺序表

1	2→16
2	18→32
3	10→23
4	26→7
5	17→31
6	1→15
7	25→6
8	9→22
9	32→14
10	16→30
11	8→21
12	24→5
13	15→29
14	31→13
15	23→4
16	7→20
17	30→12
18	14→28
19	6→19
20	22→3

依右下左上的移线方式继续操作

圆形不规则变化十二股编（作品欣赏）

双角八股编

操作步骤

双角八股编

挂线预备

参照P.47操作顺序表

挂线位置
A: 1、2、9、10
B: 17、18、25、26

准备两种颜色的线，各色4根，共8根。
将线头打结，如图挂线。

1　18→32

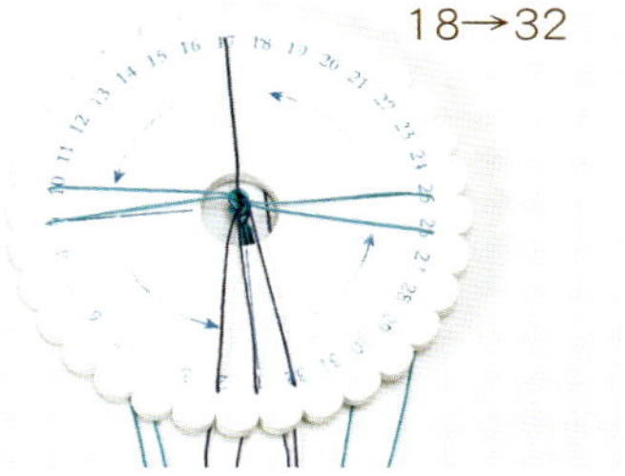

将线从18移到32。

2　1→18

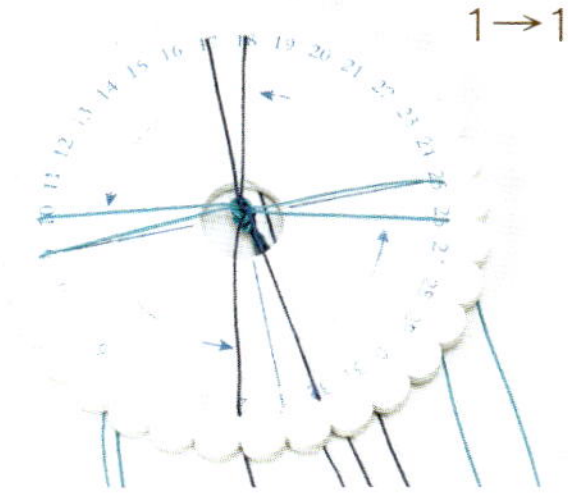

将线从1移到18。

3　32→1

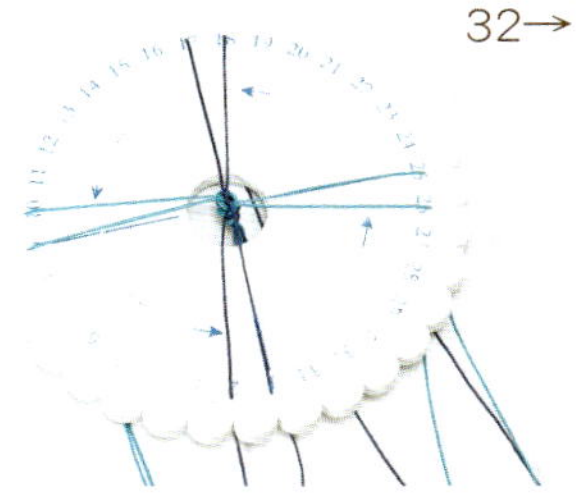

将线从32移到1。

4　17→3

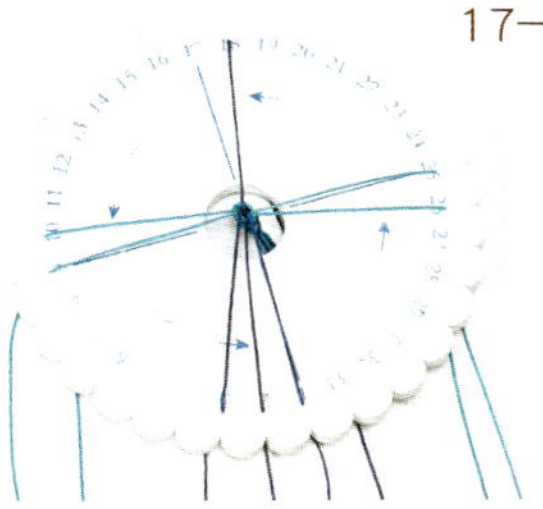

将线从17移到3。

5　2→17

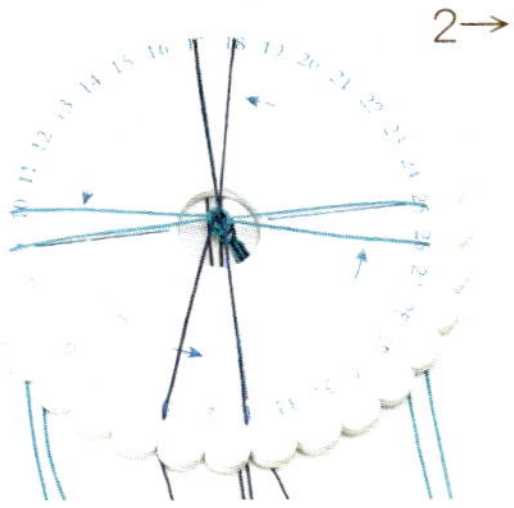

将线从2移到17。

6　3→2

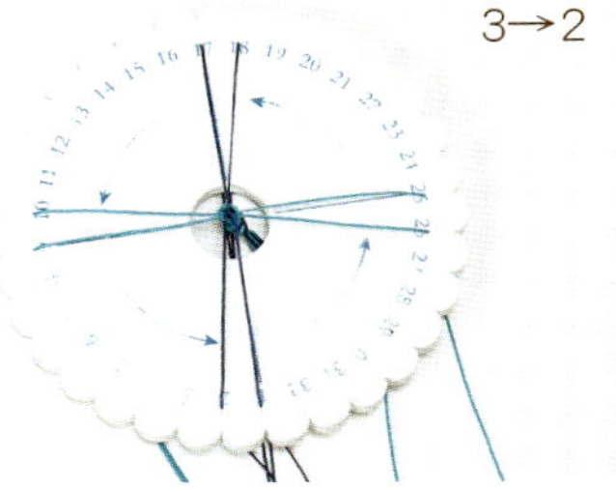

将线从3移到2。

将线从9移到27。

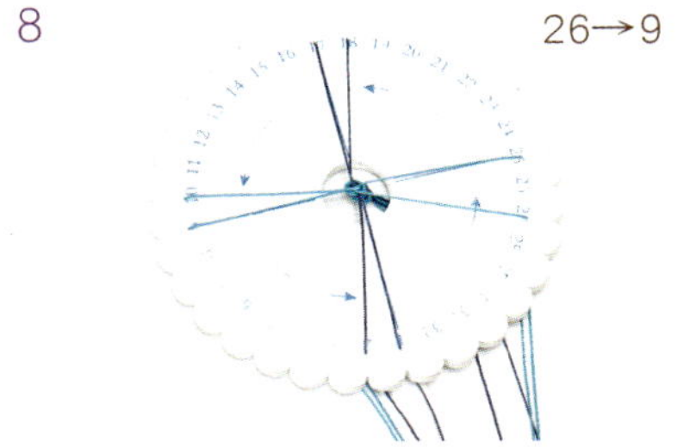

将线从26移到9。

将线从27移到26。

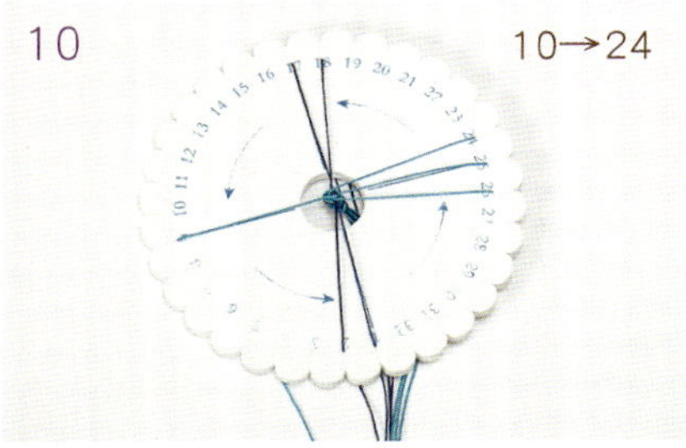

将线从10移到24。

将线从25移到10。

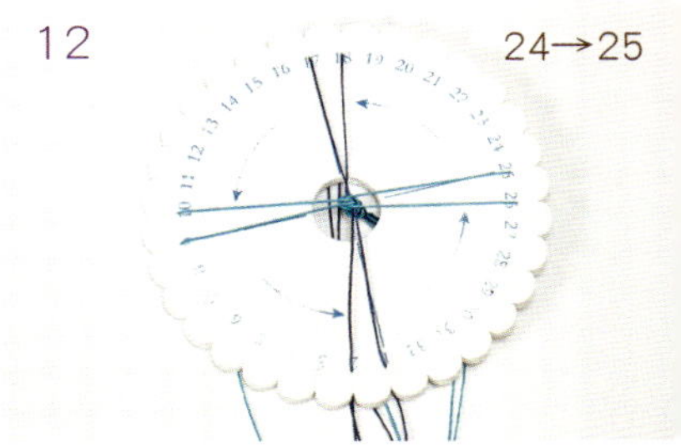

将线从24移到25。

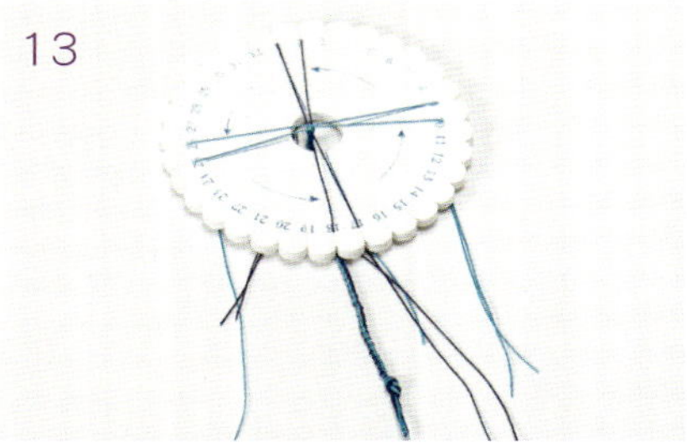

按此方法编至所需长度，再将所有线从圆形盘编器上取下。

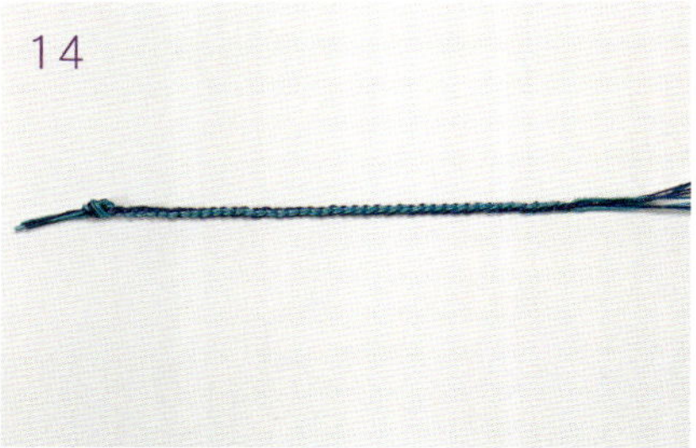

绳编完成。

示范款式：双角八股编

提示小卡

材料：
1. 深蓝色蚕丝蜡线50cm 4根
   浅蓝色蚕丝蜡线50cm 4根
2. 饰品1个
3. 手链扣1组

完成长度：16cm

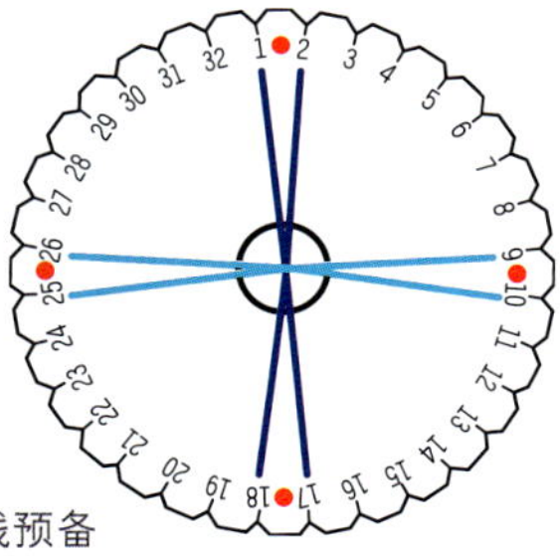

挂线预备

辅助工具：圆形盘编器
操作说明：参照本页操作顺序表

双角八股编

提示小卡

材料：
1. 蓝色蚕丝蜡线50cm 4根
   荧光绿色蚕丝蜡线50cm 4根
2. 饰品1个
3. 手链扣1组

完成长度：16cm

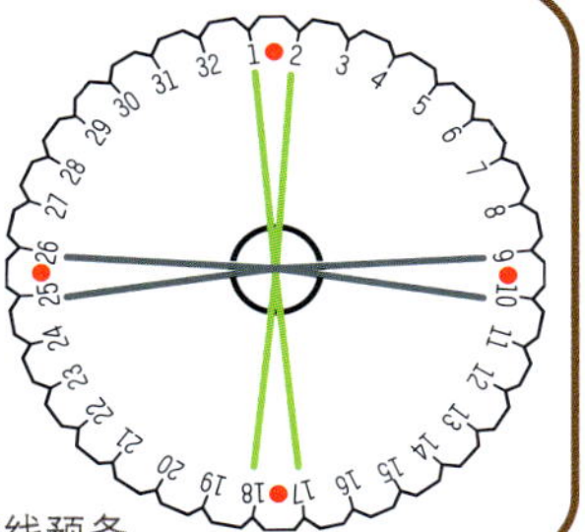

挂线预备

提示小卡

材料：
1. 白色蚕丝蜡线50cm 3根
   红色蚕丝蜡线50cm 3根
   蓝色蚕丝蜡线50cm 2根
2. 饰品3个
3. 手链扣1组

完成长度：16cm

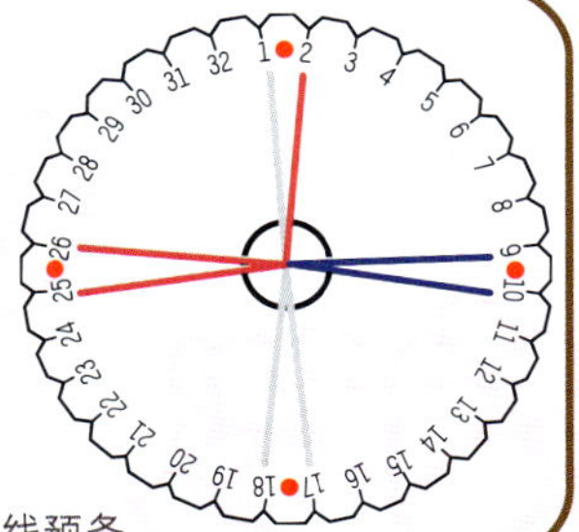

挂线预备

提示小卡

材料：
1. 浅粉色手艺棉线70cm 4根
   蓝色手艺棉线70cm 4根
2. 饰品3个
3. 手链扣1组

完成长度：15cm

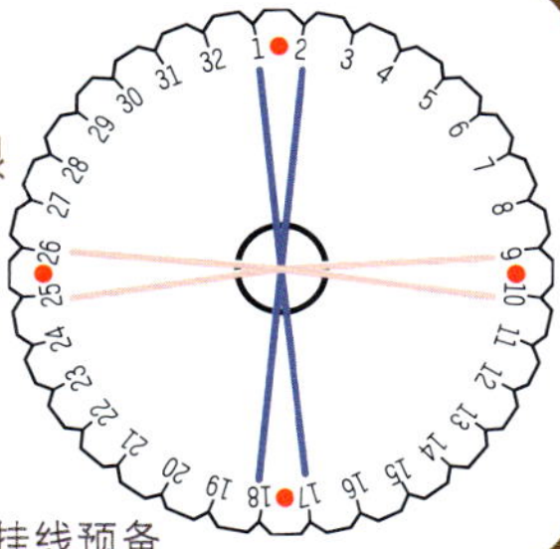

挂线预备

操作顺序表

1	18→32
2	1→18
3	32→1
4	17→3
5	2→17
6	3→2
7	9→27
8	26→9
9	27→26
10	10→24
11	25→10
12	24→25

备注：再重复步骤1~12

方形编

方形编

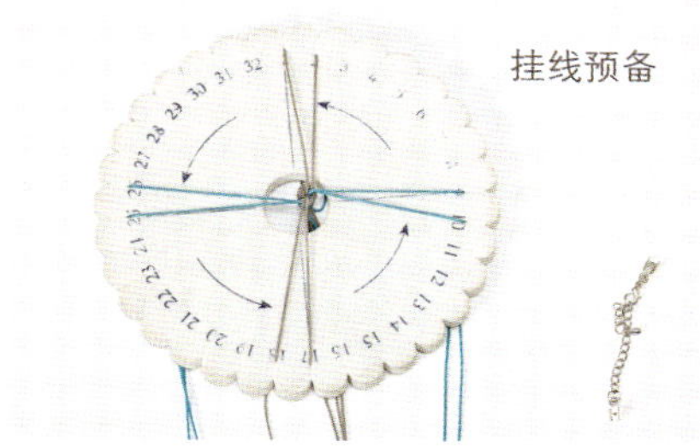

准备两种颜色的线，各色4根，共8根。将线头打结。如图挂线。

参照P.51操作顺序表

挂线位置
A: 1、2、17、18
B: 9、10、25、26

1　2→8

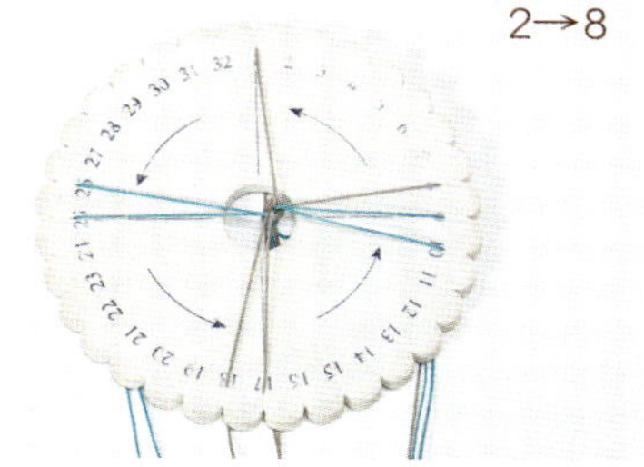

将线从2移到8。

2　18→24

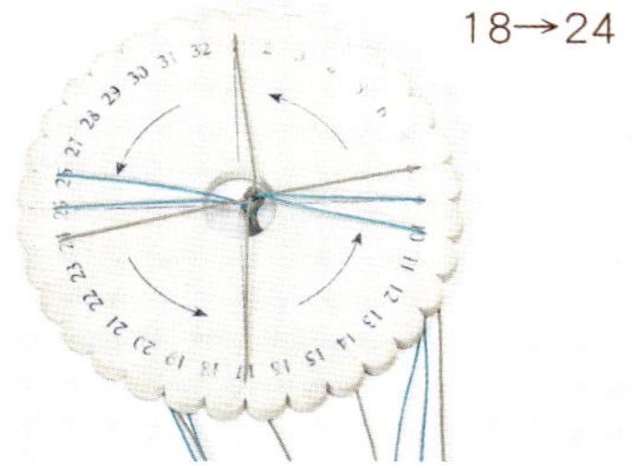

先将线从18移到24，再将圆形盘编器向右转，正上方为24、25、26。

3　25→2

将线从25移到2。

4　9→18

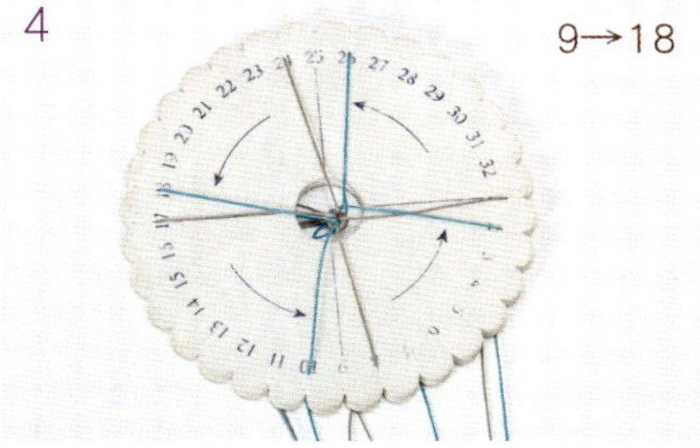

将线从9移到18。

5　1→27

将线从1移到27。

将线从17移到11。

将线从10移到1。

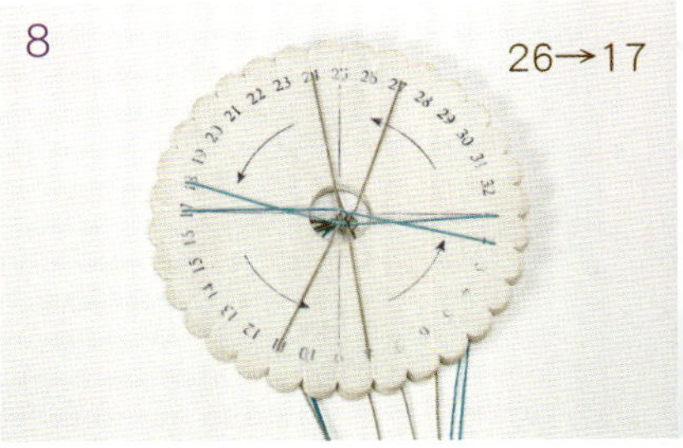

将线从26移到17。

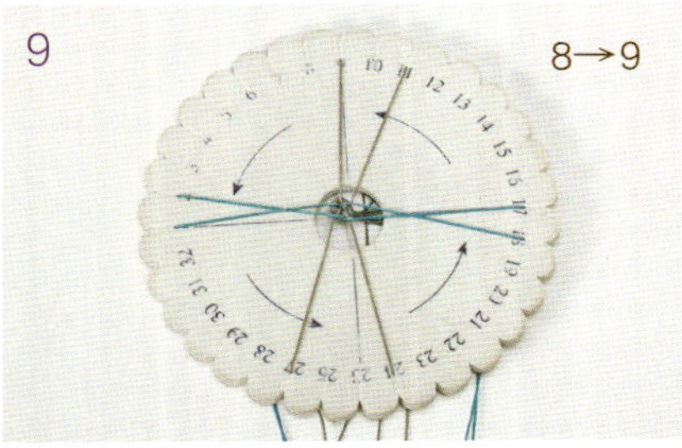

将线从8移到9。

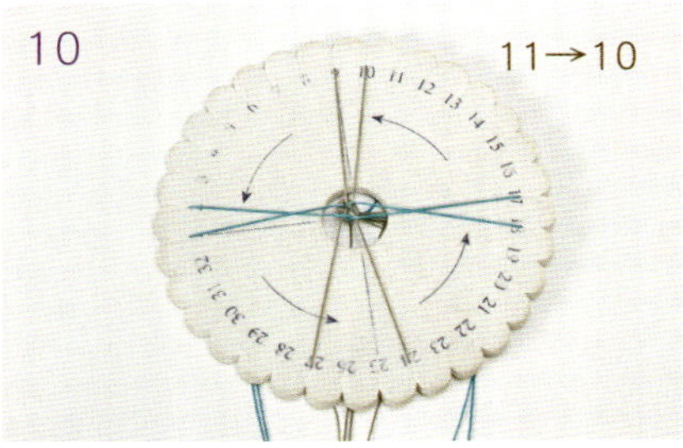

将线从11移到10。

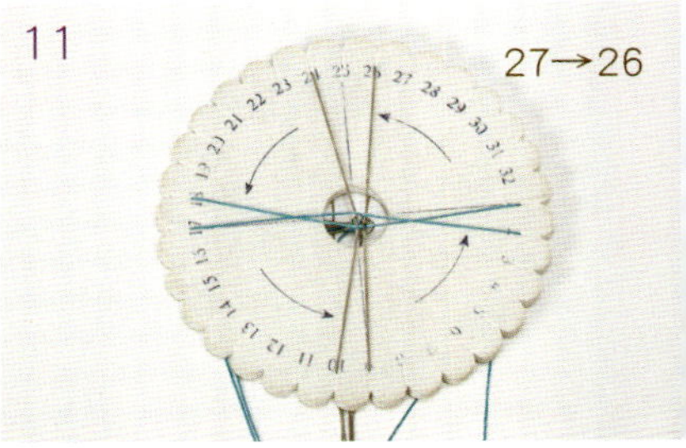

将线从27移到26。

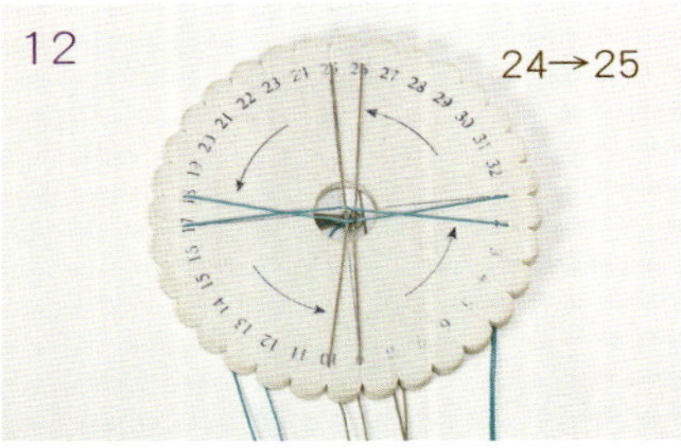

将线从24移到25。

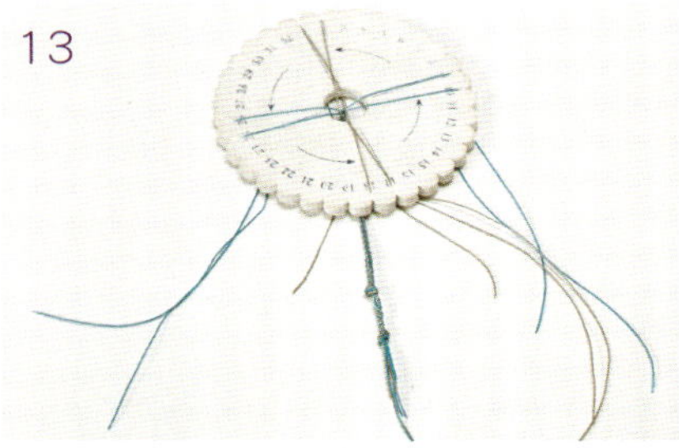

按此方法编至所需长度，再将所有线从圆形盘编器上取下。

绳编完成。

示范款式：方形编

提示小卡

材料:
1. 蓝色蚕丝蜡线50cm 4根
   灰色蚕丝蜡线50cm 4根
2. 饰品1个
3. 手链扣1组

完成长度：15cm

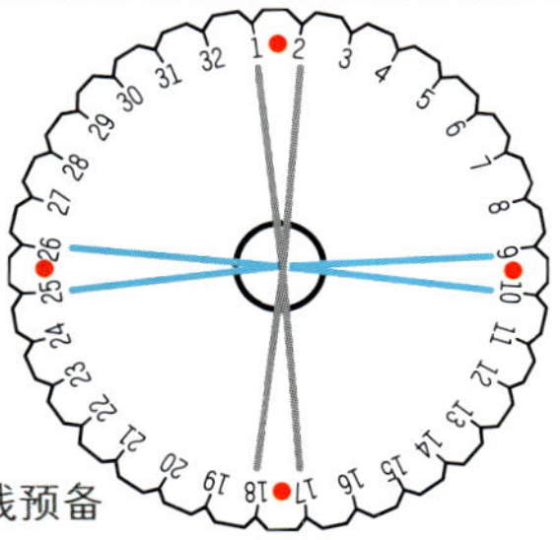
挂线预备

方形编

辅助工具：圆形盘编器
操作说明：参照本页操作顺序表

提示小卡

材料：
1. 粉红色绣线50cm 2根
   桃红色绣线50cm 4根
   白色绣线50cm 2根
2. 饰品3个
3. 手链扣1组

完成长度：14cm

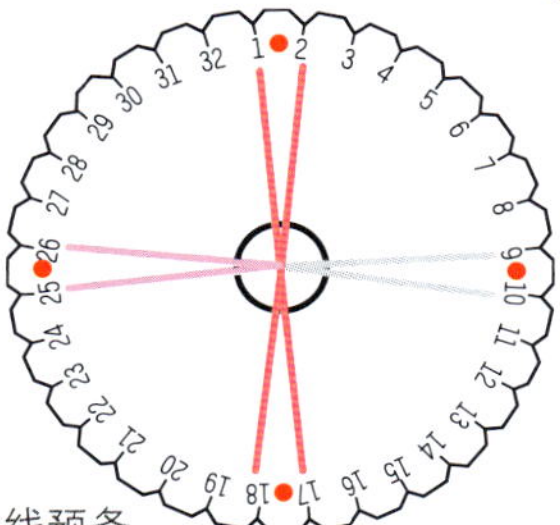

挂线预备

提示小卡

材料：
1. 深褐色玉线A 50cm 8根
2. 饰品1个
3. 手链扣1组

完成长度：14cm

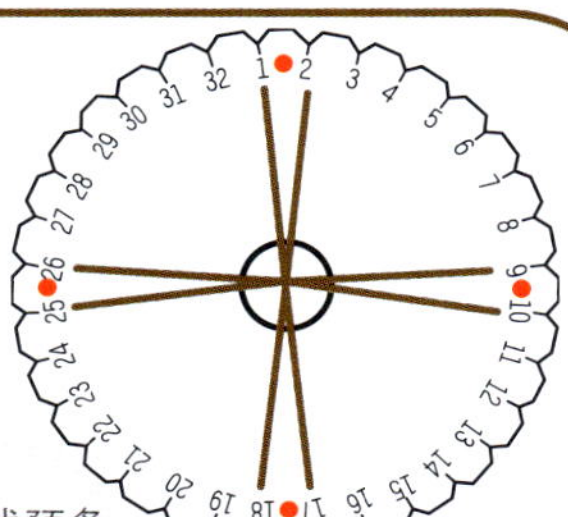

挂线预备

提示小卡

材料：
1. 深绿色AA线90cm 8根
2. 饰品3个
3. 手链扣1组

完成长度：14cm

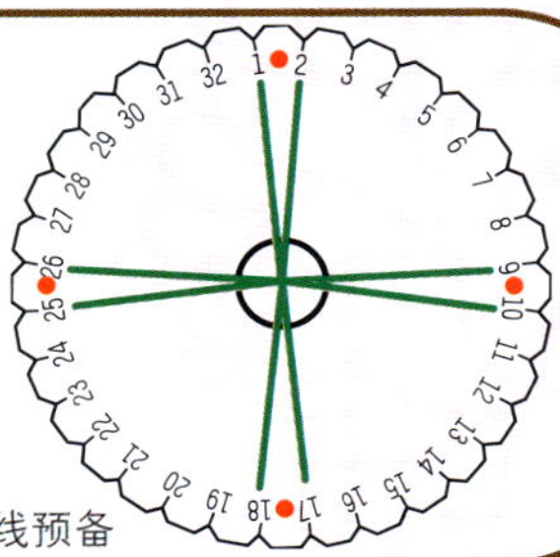

挂线预备

提示小卡

材料：
1. 蓝色蚕丝蜡线50cm 4根
   白色蚕丝蜡线50cm 4根
2. 饰品3个
3. 手链扣1组

完成长度：14cm

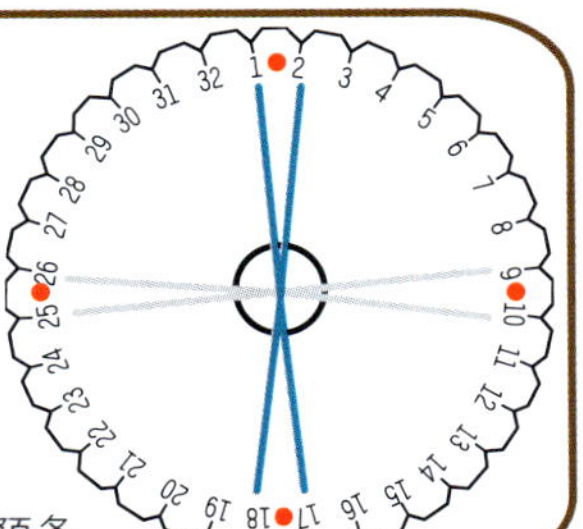

挂线预备

操作顺序表

1	2→8
2	18→24
3	25→2
4	9→18
5	1→27
6	17→11
7	10→1
8	26→17
9	8→9
10	11→10
11	27→26
12	24→25

备注：再重复步骤1~12

平织八股编

平织八股编

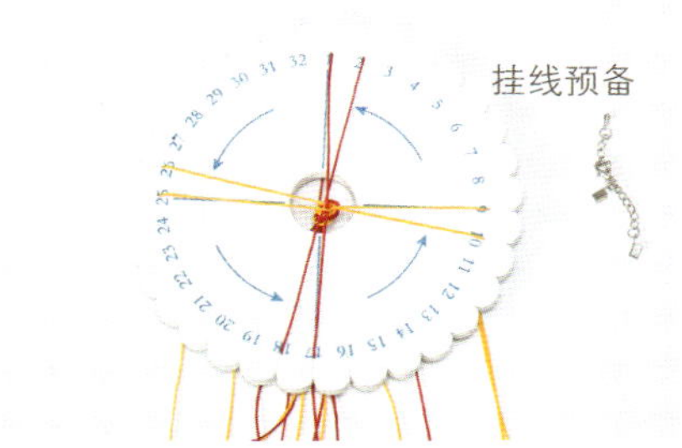

准备两种颜色的线，各色4根，共8根。将线头打结。如图挂线。

参照P.55操作顺序表

挂线位置
A: 1、2、17、18
B: 9、10、25、26

1

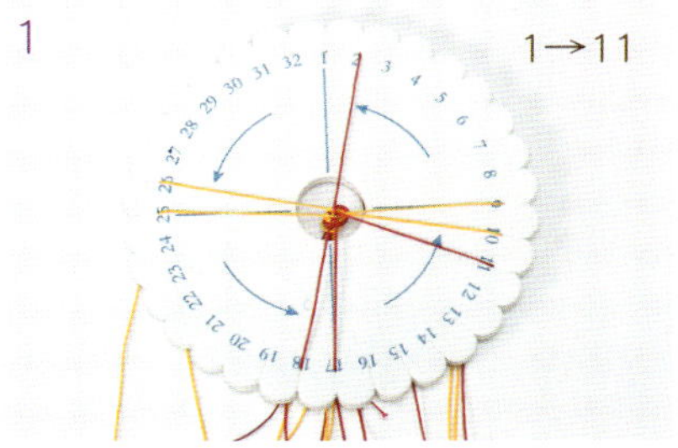

将线从1移到11。

2

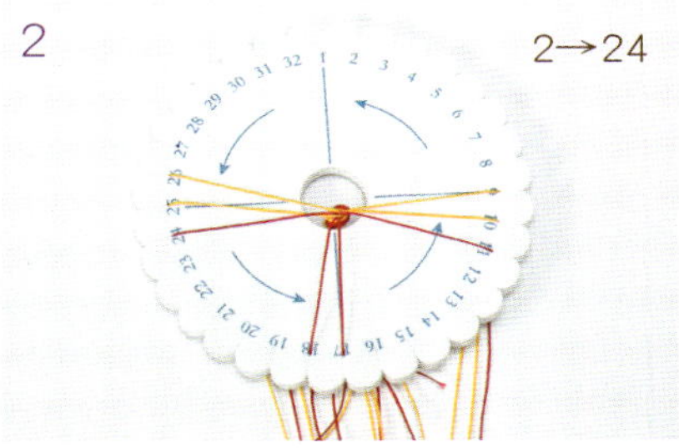

将线从2移到24。

3

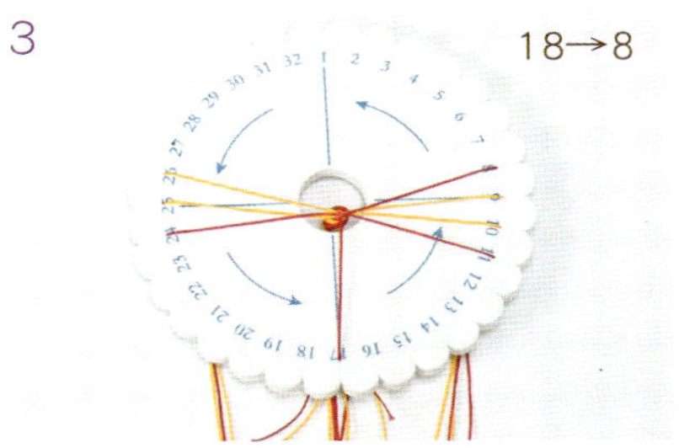

将线从18移到8。

4

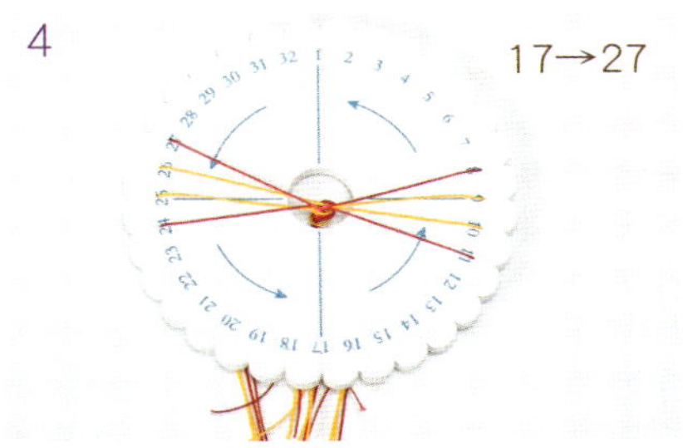

将线从17移到27。

5

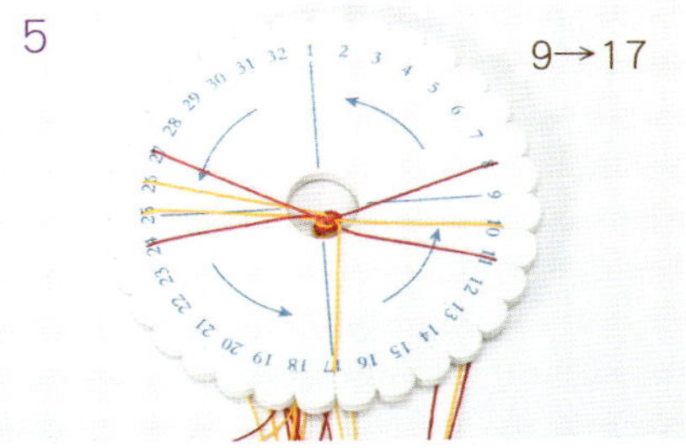

将线从9移到17。

操作步骤

6 26→18

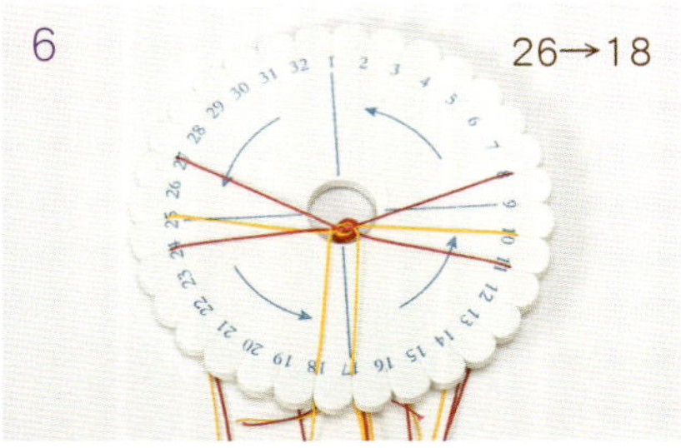

将线从26移到18。

7 10→2

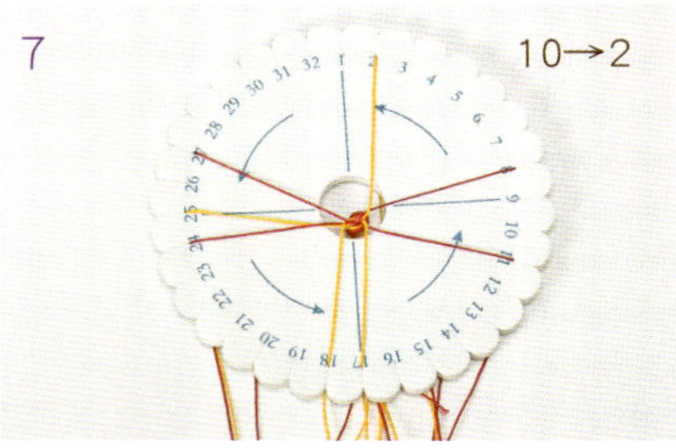

将线从10移到2。

8 25→1

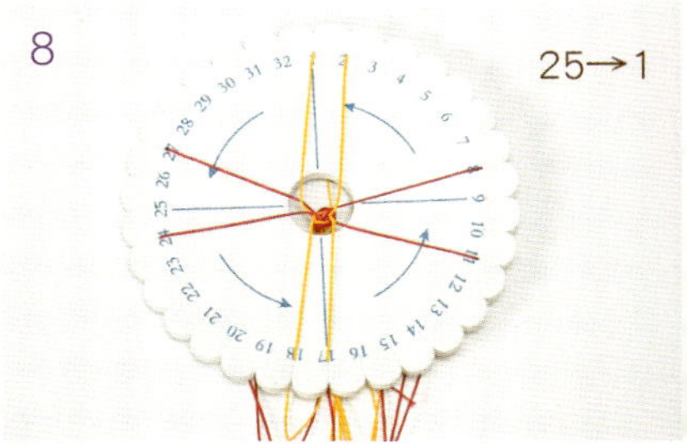

将线从25移到1。

9 8→9

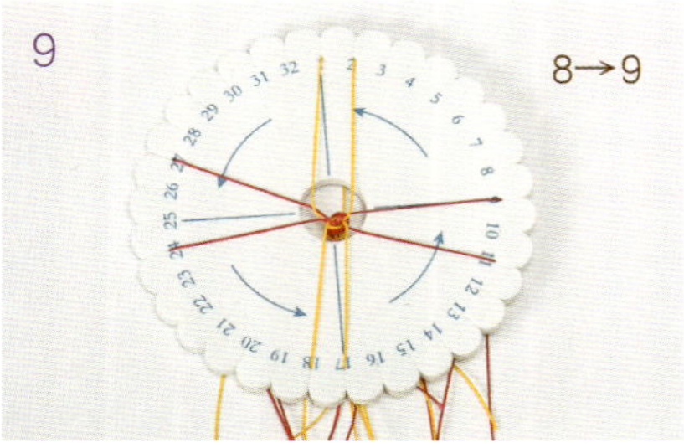

将线从8移到9。

10 11→10

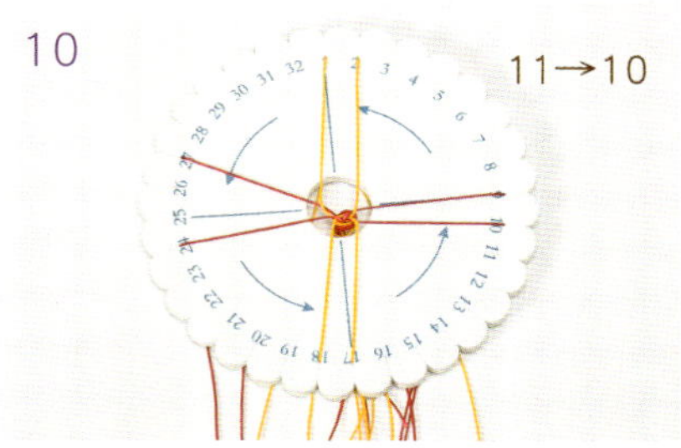

将线从11移到10。

11 27→26

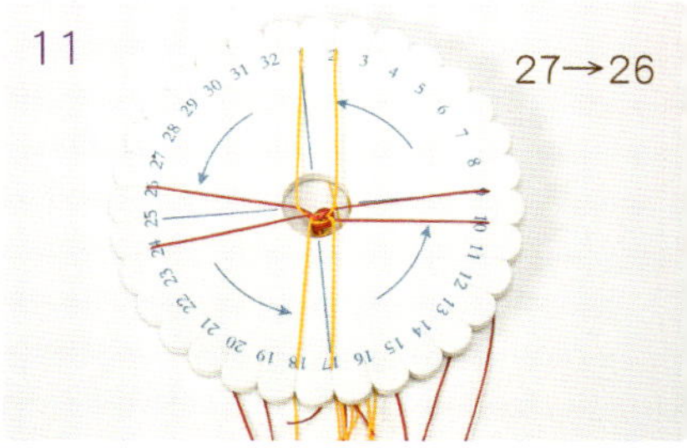

将线从27移到26。

12 24→25

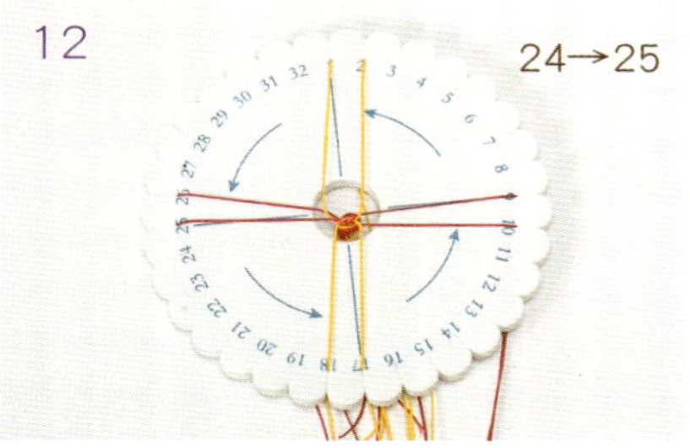

将线从24移到25。

13

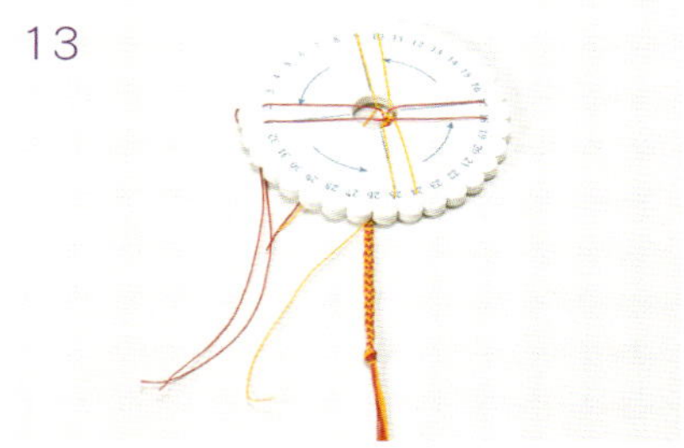

按此方法编至所需长度，再将所有线从圆形盘编器上取下。

14

绳编完成。

提示小卡

示范款式：平织八股编

材料:
1. 黄色蚕丝蜡线50cm 4根
   桃红色蚕丝蜡线50cm 4根
2. 饰品1个
3. 手链扣1组

完成长度：14cm

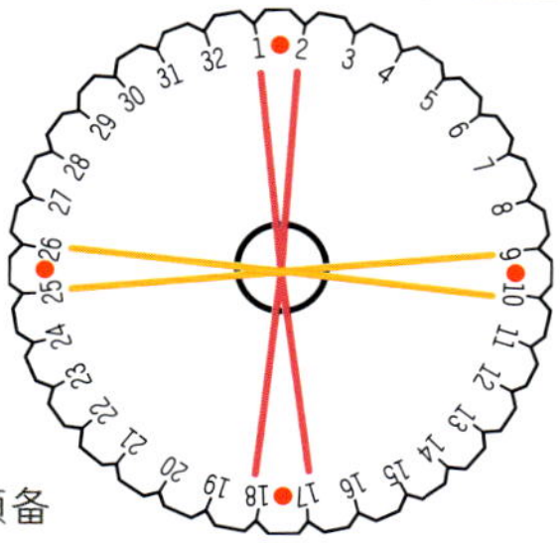

挂线预备

辅助工具：圆形盘编器
操作说明：参照本页操作顺序表

平织八股编

提示小卡

材料：
1. 黑色纸线60cm 4根
   粉红色纸线60cm 4根
2. 饰品3个
3. 手链扣1组
完成长度：16cm

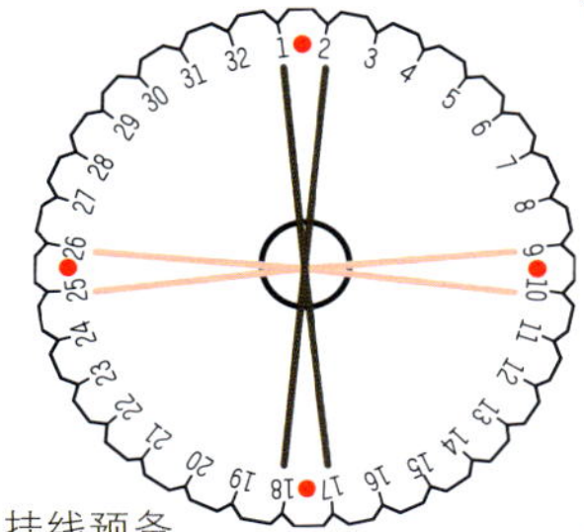

挂线预备

操作顺序表

1	1→11
2	2→24
3	18→8
4	17→27
5	9→17
6	26→18
7	10→2
8	25→1
9	8→9
10	11→10
11	27→26
12	24→25

备注:再重复步骤1~12

提示小卡

材料：
1. 蓝色蚕丝蜡线50cm 4根
   红色蚕丝蜡线50cm 4根
2. 饰品2个
3. 手链扣1组
完成长度：16cm

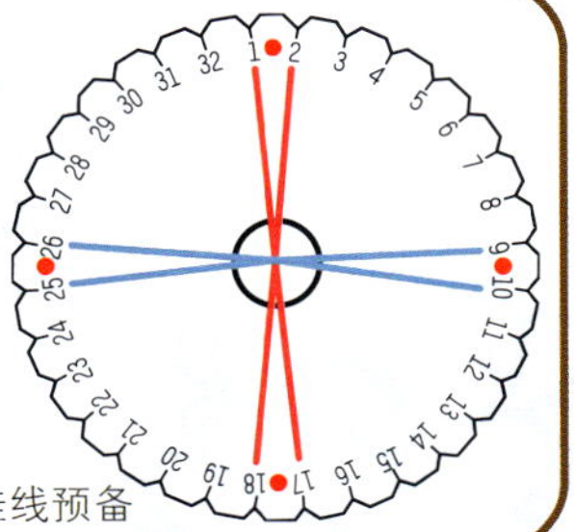

挂线预备

提示小卡

材料：
1. 粉红色尼龙手工线60cm 4根
   红色尼龙手工线60cm 4根
2. 饰品3个
3. 手链扣1组
完成长度：15cm

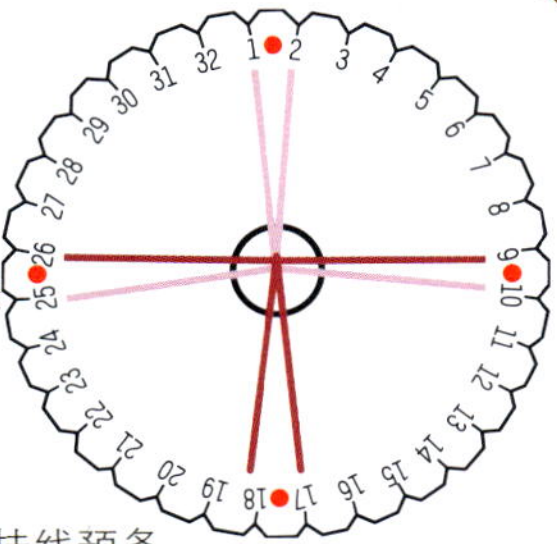

挂线预备

举一反三练习

辅助工具：圆形盘编器
操作说明：参照P.55操作顺序表

提示小卡

材料：
1. 水绿色玉线A 60cm 4根
   枣红色玉线A 60cm 4根
2. 饰品1个
3. 手链扣1组
完成长度：15cm

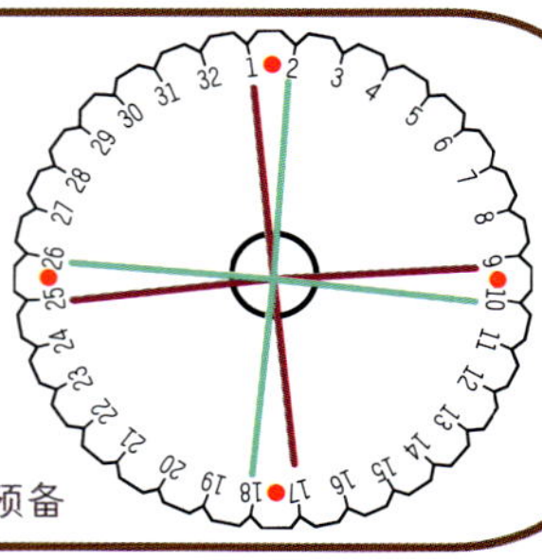

挂线预备

提示小卡

材料：
1. 咖啡色手工棉线60cm 4根
   土黄色尼龙手工线60cm 4根
2. 饰品1个
3. 手链扣1组
完成长度：16cm

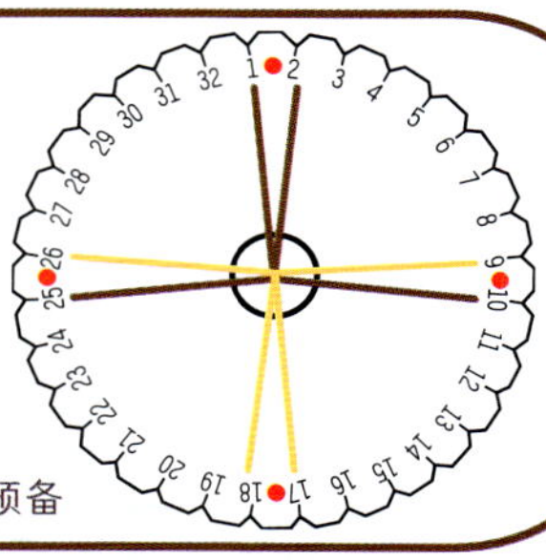

挂线预备

作品欣赏

三股辫

操作步骤

三股辫

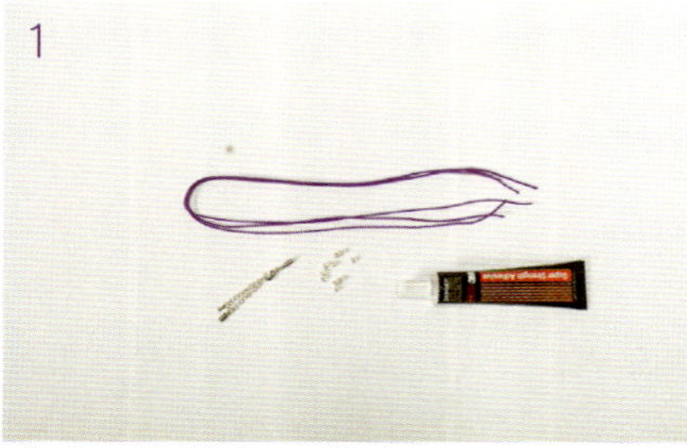

1 准备3根紫色玉线各50cm、手链扣1组、银珠10颗、透明胶、万能胶。

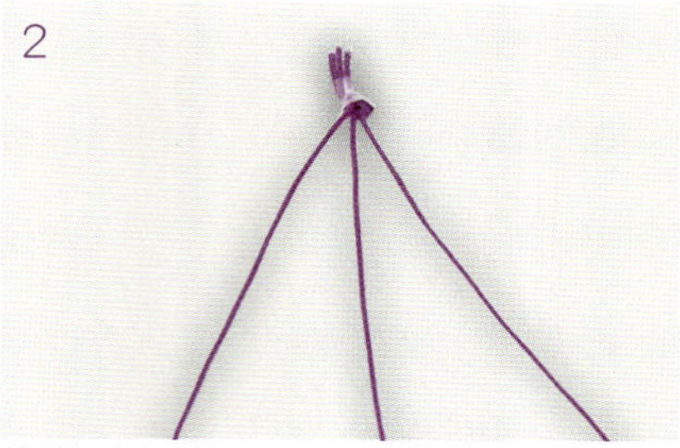

2 将线头打结，用胶带将打结位置固定在桌子上。

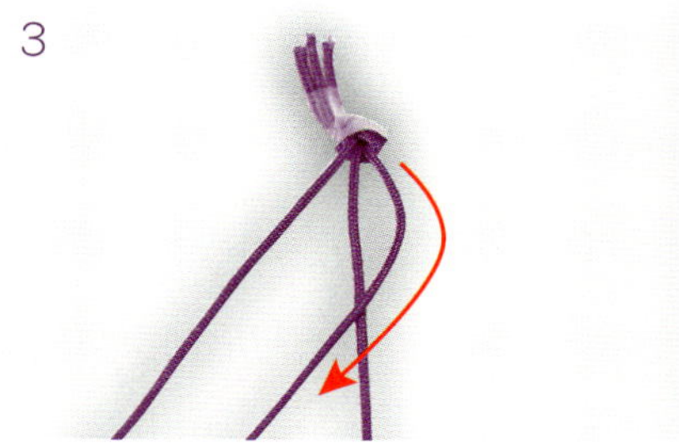

3 将右线往左放在中间线上。

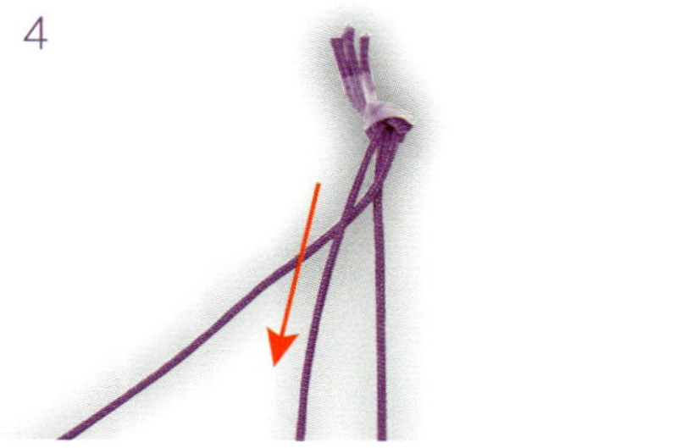

4 左线再压在右线上。

5 依此编三股辫约8cm后，准备穿入银珠。

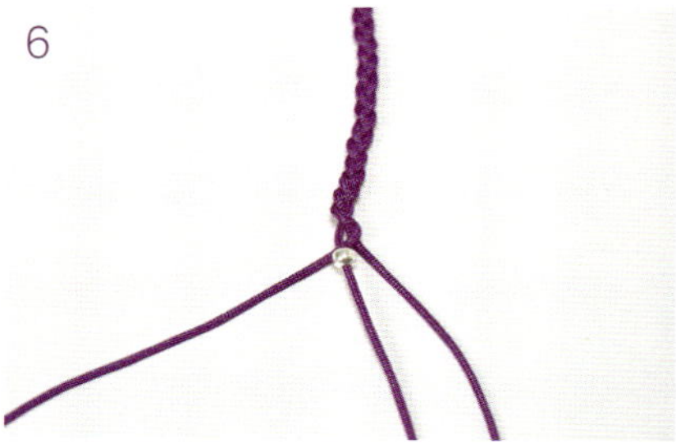

6 继续编三股辫，将左边穿入银珠的线，置于中间位置。

7 继续编三股辫，右线不穿珠。

8 继续编三股辫。

9 再用左线穿入银珠继续编。

操作步骤

10

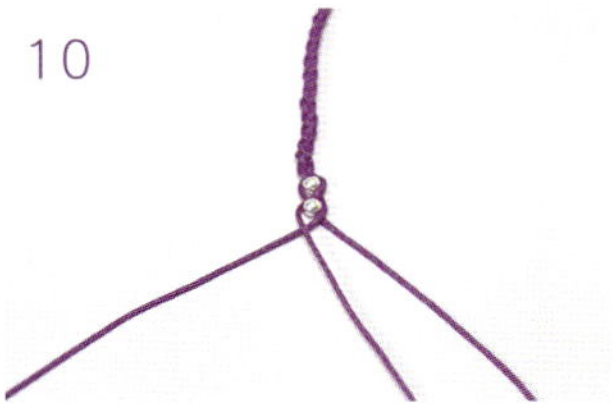

穿银珠的线为同一侧线。

11

穿入银珠的线编至所需长度后，继续编不穿珠的三股辫。

12

完成编织。

13

在所需位置涂上万能胶，晾干，剪断。

14

粘上手链扣。

15

作品完成。

步骤图解

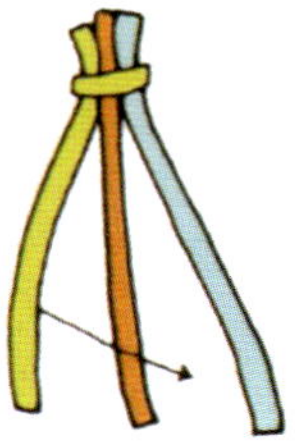

1. 左线压中间线。

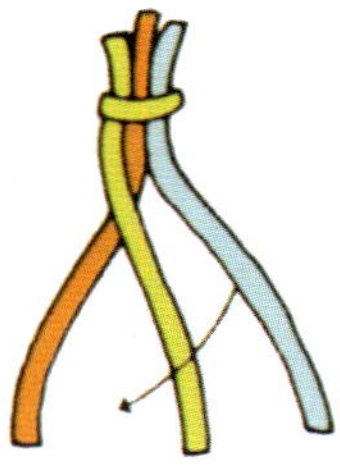

2. 右线压左线(一次三股辫)。

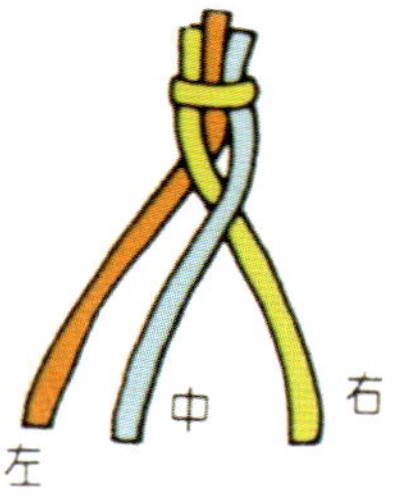

3. 如此形成新左、中、右线，重复步骤1、2编至所需长度(次数)。

举一反三练习

三股辫

提示小卡

手环材料

1. 橘色蚕丝蜡线50cm 3根
2. 直径4mm银珠 10颗
3. 手链扣1组

完成长度：18cm

操作方法

1. 先将3根橘色蚕丝蜡线线头打结固定，再编三股辫。
2. 编三股辫约8cm后，用回到中间的那条线，穿入1颗银珠编织，一次穿珠一次不穿珠，此步骤共做10次后不再穿珠。继续编三股辫约8cm后，将织带与手链扣接合。

提示小卡

手环材料

1. 红色玉线 50cm 6根
   土黄色玉线 50cm 2根
   绿色玉线 50cm 1根
   红色绣线 少许
2. 玉珠1颗、银饰1个

完成长度：18cm

操作方法

1. 将9根玉线分成三组，编三股辫。
2. 两头另以红色绣线固定:
   A：一头穿入直径10mm玉珠后，编双联结。
   B：另一头则取一根线包住线圈后固定。

提示小卡

手环材料

1. 深蓝色玉线B 50cm 1根
   浅蓝色玉线B 50cm 2根
2. 直径4mm银珠 12颗
3. 手链扣1组

完成长度：19cm

操作方法

1. 先将3根玉线线头打结固定，再编三股辫。
2. 编三股辫约8cm后，用回到中间的那条线，穿入1颗银珠编织。一次穿珠一次不穿珠，此步骤共做12次后不再穿珠。继续编三股辫约8cm，将织带与手链扣接合。

提示小卡

手环材料

1. 桃红色蚕丝蜡线50cm 3根
2. 直径4mm银珠 10颗
3. 手链扣1组

完成长度：18cm

操作方法

1. 先将3根桃红色蚕丝蜡线线头打结固定，再编三股辫。
2. 编三股辫约8cm后，用回到中间的那条线，穿入1颗银珠编织。一次穿珠一次不穿珠，此步骤共做10次后不再穿珠。继续编三股辫约8cm，将织带与手链扣接合。

单平结

操作步骤

右单平结

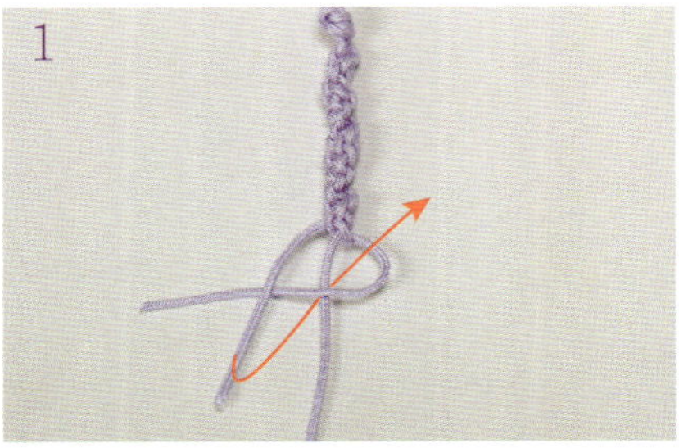

每一次均是右线绕横，左线直压，如图穿出。

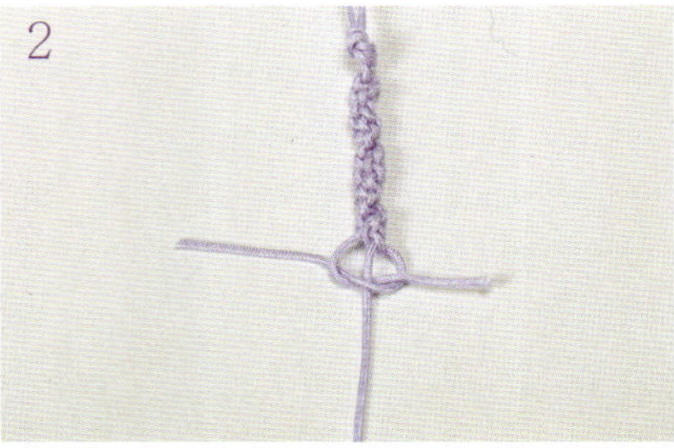

完成1个单平结。

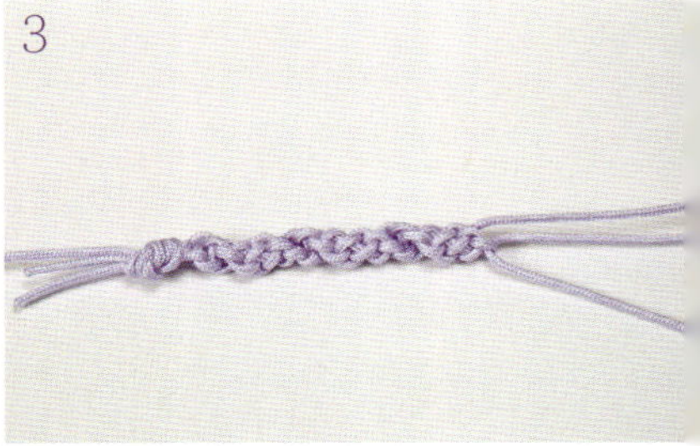

右单平结完成。

左单平结

每一次均是左线绕横，右线直压，如图穿出。

完成1个单平结。

左单平结完成。

举一反三练习

提示小卡

手环材料

1. 红色玉线A150cm 1根、40cm 1根、20cm 3根
2. 粉晶5颗

完成长度：20cm

操作方法

1. 以40cm的线当轴心，150cm长的线编7cm单平结。
2. 再以20cm的线编5圈秘鲁结，将3根线固定，接着穿入粉晶。
3. 再重复做3次5圈秘鲁结，共穿3颗粉晶。
4. 接着再编7cm单平结。
5. 最后以单平结当手环大小调整结。

提示小卡

手环材料

1. 红色玉线A 60cm 2根、40cm 1根
2. 粉晶11颗

完成长度：14cm

操作方法

1. 以40cm线穿入9颗粉晶。
2. 以60cm线编5cm单平结。
3. 最后以单平结当手环大小调整结。

举一反三练习

提示小卡

手环材料

1. 紫色蚕丝蜡线60cm 2根、100cm 2根
2. 银饰3个
3. 手链扣1组

完成长度：17cm

操作方法

1. 以4根蚕丝蜡线固定手链扣一端，编4cm四股辫后，穿入银饰。
2. 取2根短的线当轴心，另两根长的线编3cm单平结，然后穿入银饰，再编3cm单平结，穿银饰。
3. 再编4cm四股辫。
4. 最后以3圈秘鲁结固定手链扣另一端。

提示小卡

手环材料

1. 紫色蚕丝蜡线40cm 1根、60cm 2根
2. 银饰1个、银珠12颗
3. 手链扣1组

完成长度：18cm

操作方法

1. 以40cm的紫色蚕丝蜡线当轴心，另两根60cm线编5次单平结后，3根线同时穿1颗银珠，再编5次单平结后穿银珠。
2. 如图重复编单平结穿银珠。在第7次单平结后，穿银饰。
3. 最后两端夹上手链扣。

提示小卡

手环材料

1. 黄色手工艺毛线100cm 1根
   米色手工艺毛线100cm 1根
   橘色玉线B 40cm 1根
2. 银饰3个
3. 手链扣1组

完成长度：17cm

操作方法

1. 以橘色玉线B当轴心，另两根当主线编单平结。
2. 穿入银饰，两端以手链扣固定。

提示小卡

手环材料

1. 咖啡色手工艺毛线100cm 1根
   米色手工艺毛线100cm 1根
   橘色玉线B 40cm 1根
2. 银饰3个
3. 手链扣1组

完成长度：16cm

操作方法

1. 以橘色玉线B当轴心，另两根当主线编单平结。
2. 穿入银饰，两端以手链扣固定。

平 结

操作步骤

平结

准备线材、配件。

将线穿入配件中。

将配件调整到线的中间位置。

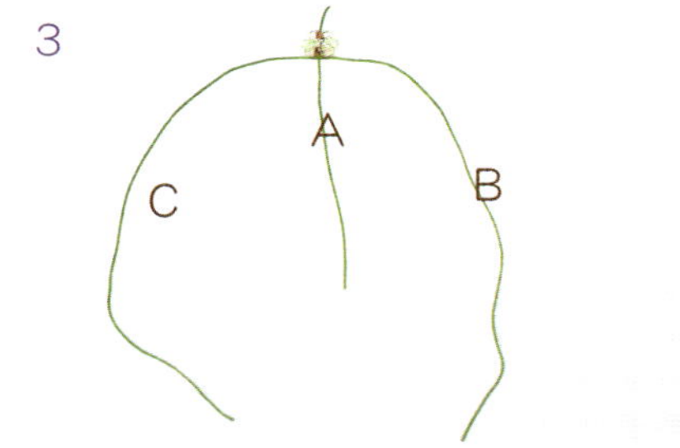

开始编平结。

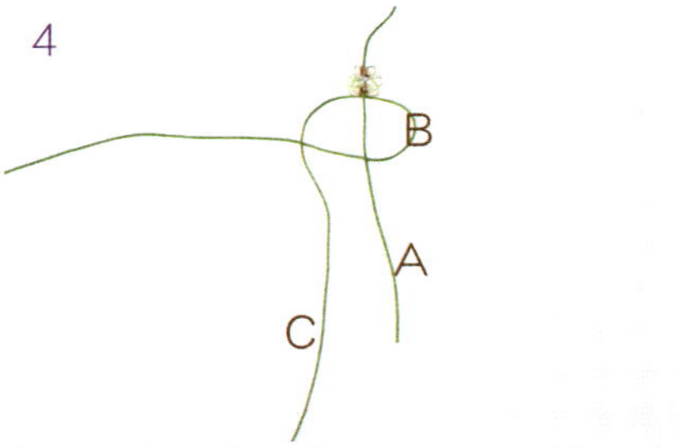

先取B线压在A线上。再取C线压在B线上。

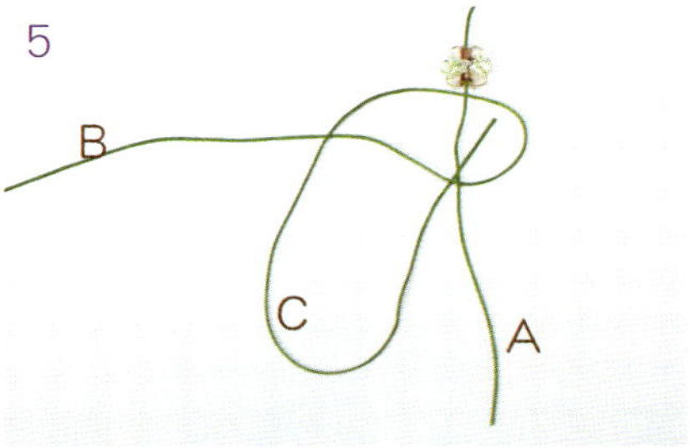

C线由下往上穿过A、B线的相叠位置，经B线的线圈拉出。

拉紧。

完成第1个平结。此时左边会有1个结粒。

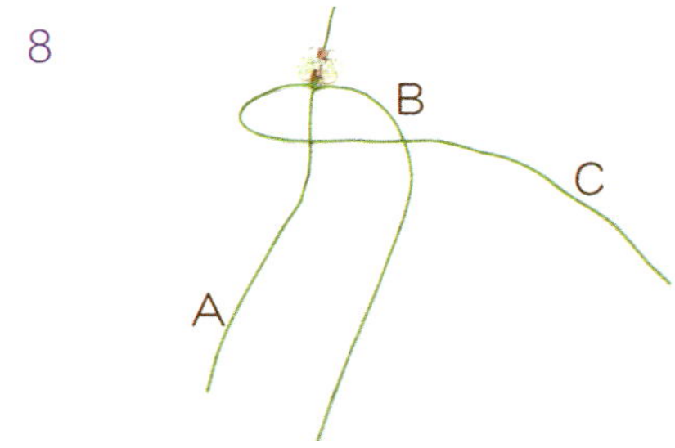

取C线压在A线上。再将B线压在C线上。

操作步骤

9

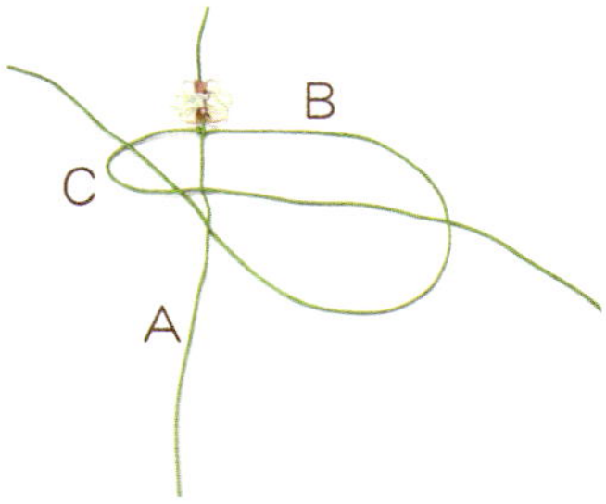

B线经C、A线相叠的点，由下往上将经由C线的线圈拉出。

10

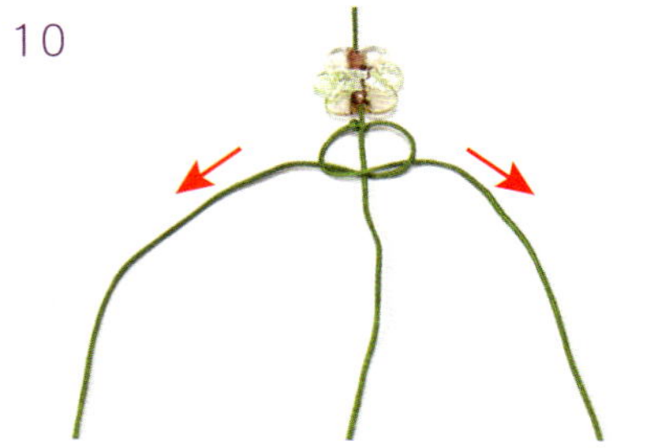

将左右线拉紧。

11

完成第2个平结。

12

编到所需长度。

13

将饰品两侧各编至手腕所需长度。

14

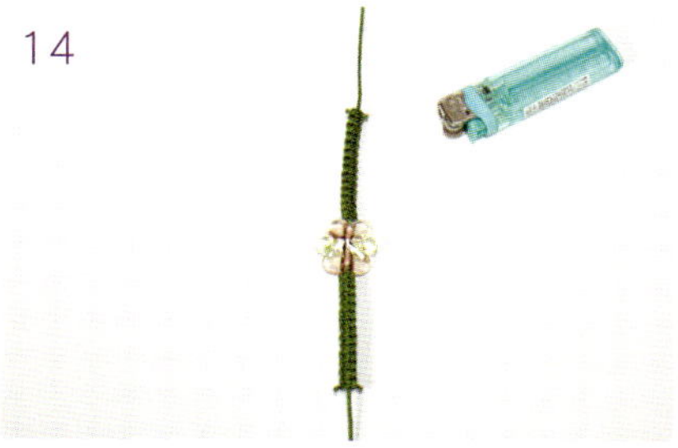

至所需长度后，留下正中间的A线，将两头的B、C线剪掉。

15

用打火机烧灼两侧剪线的位置，使之黏合固定。

16

两端交叉圈起，编平结作为圈环大小调整结。

17

作品完成。

平结

提示小卡

手环材料

1. 绿色玉线B 120cm 2根、40cm 1根
2. 琉璃饰品1个、银饰2个

完成长度：20cm

操作方法

1. 将40cm的绿色玉线穿入琉璃饰品。
2. 左右两端各以120cm的绿色玉线对折后，编7cm平结。
3. 最后以平结当手环大小调整结。

提示小卡

手环材料

1. 深橘色玉线A120cm 2根、咖啡色玉线A120cm 2根
2. 水晶饰品1个
3. 手链扣1组

完成长度：20cm

操作方法

1. 将深橘色玉线与咖啡色玉线各一根，一起以双联结固定水晶饰品的两侧。
2. 再以深橘色与咖啡色各一根当轴心，另两侧各编7cm平结。
3. 左右两边长度须对称。
4. 将织带与手链扣接合。

提示小卡

手环材料

1. 浅米色蚕丝蜡线90cm 1根、深米色蚕丝蜡线90cm 2根
2. 直径4mm水晶珠20颗
3. 扣环1组

完成长度：32cm

操作方法

1. 以浅米色蚕丝蜡线、深米色蚕丝蜡线各一根，两根线对折编1个双联结用来固定扣环，以浅米色蚕丝蜡线、深米色蚕丝蜡线各一根为主轴，另两根编10cm平结。
2. 将深米色蚕丝蜡线剪断。
3. 留下浅米色蚕丝蜡线，以每穿入一颗水晶珠做1个右环结，再穿入一颗水晶珠做1个左环结，共做20次。
4. 再加入一根90cm浅米色蚕丝蜡线，再编10cm平结后，固定另一边的扣环即完成。

提示小卡

手环材料

1. 咖啡色蚕丝蜡线120cm 2根、40cm 2根
2. 饰品1个

完成长度：32cm

操作方法

1. 以40cm长的咖啡色蚕丝蜡线固定于饰品左右两端后，再各以120cm蚕丝蜡线对折的40cm线当主轴，编7cm平结。
2. 以纽扣圈当手环大小调整结。

提示小卡

手环材料

1. 绿色玉线B 40cm 2根、120cm 2根
2. 饰品1个

完成长度：20cm

操作方法

1. 将2根40cm的绿色玉线当轴心。
2. 左右各置120cm的2根绿色玉线。编7.5cm平结后，穿入饰品。
3. 再编7.5cm平结。
4. 最后以平结编在手环交叉位置，作为圈环大小调整结。

提示小卡

手环材料

1. 紫色5号韩国丝 120cm 1根、40cm 2根
   粉红色5号韩国丝120cm 1根
2. 饰品1个

完成长度：20cm

操作方法

1. 将2根40cm的紫色5号韩国丝当轴心，左右各置120cm的紫色5号韩国丝与粉红色5号韩国丝。
2. 编7.5cm平结后，穿入饰品。
3. 再编7.5cm平结。
4. 最后以平结编在手链交叉位置，作为圈环大小调整结。

串珠平结

操作步骤

串珠平结

1

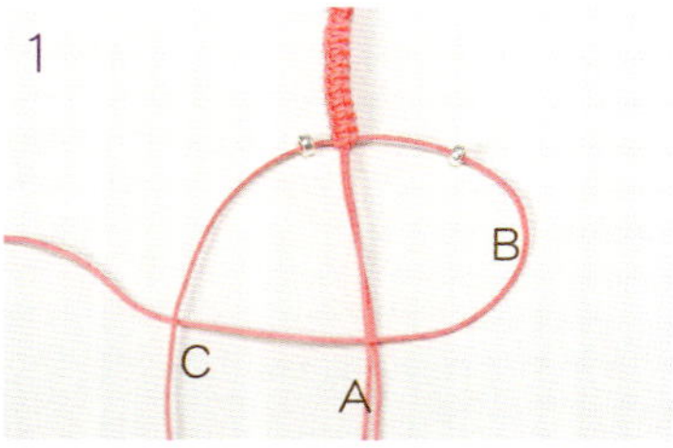

取4根线，将线头打结，中间留2股当芯，左右各有1根线互编平结至所需长度后，B、C线各穿入1颗银珠。

2

将穿有银珠的线接着编平结。

3

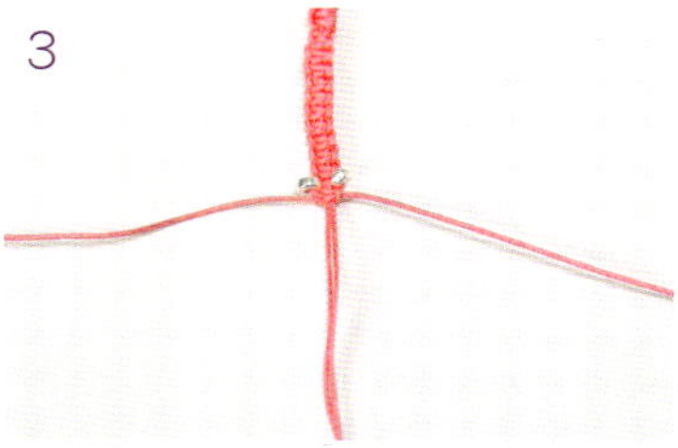

下一组平结不穿珠。

4

再各穿入1颗银珠编平结。持续1组平结穿珠、1组平结不穿珠编织。

5

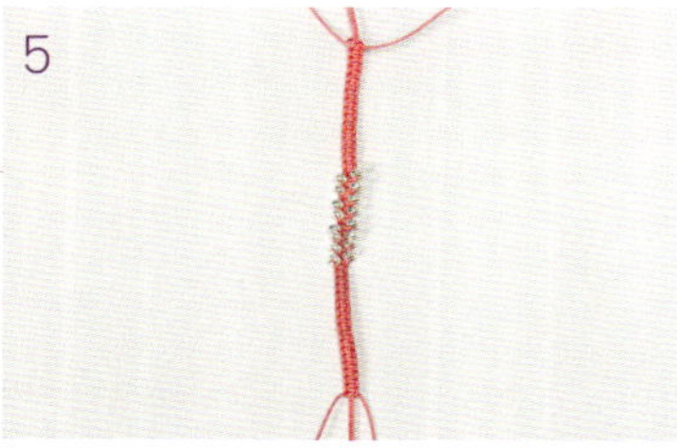

编完有银珠部分后，再接着编不穿珠的平结，直到完成。

6

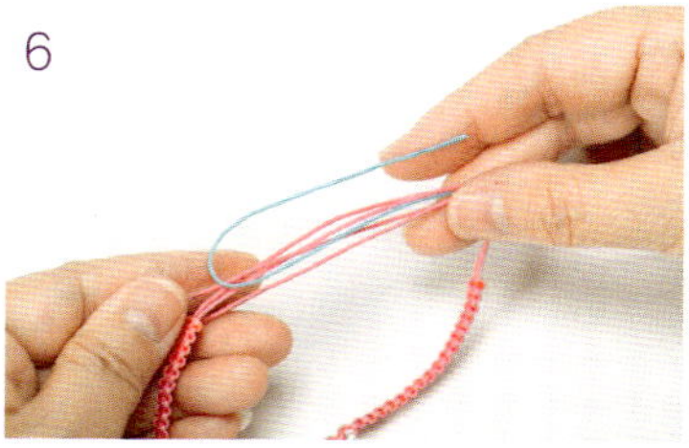

调整作品大小的方法：
另线缠绕，取1根线当引出线，做一个圈与作品相叠。

7

取另一根引出线同时缠绕作品主体与引出线。

8

由下往上绕2圈后，将用于缠绕的线穿入线圈中。

9

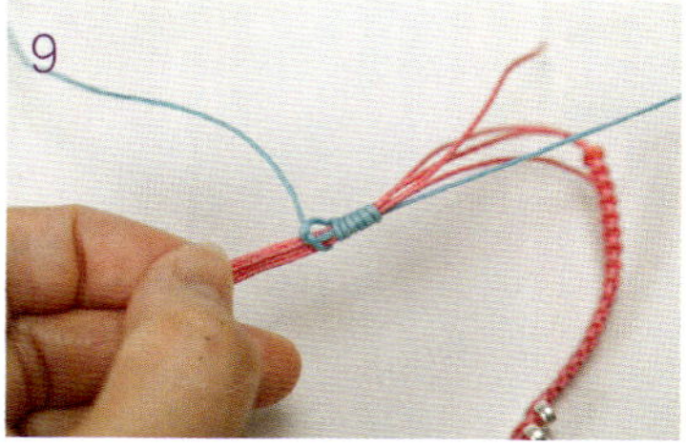

利用一侧的引出线用力拉扯，连同线圈一并拉进包绕的线圈中。

10

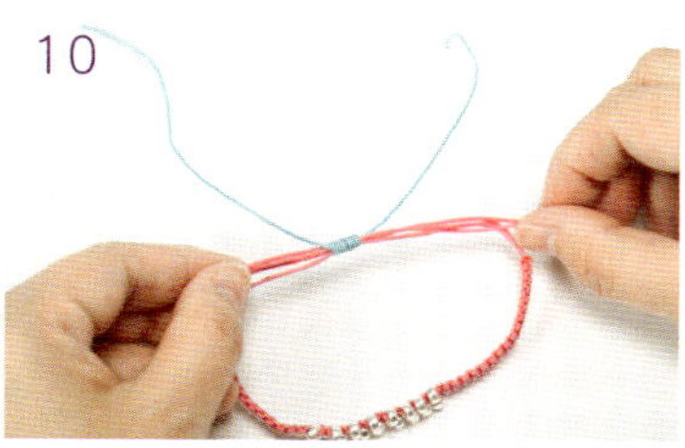

完成伸缩作品。剪掉引出线尾端。

11

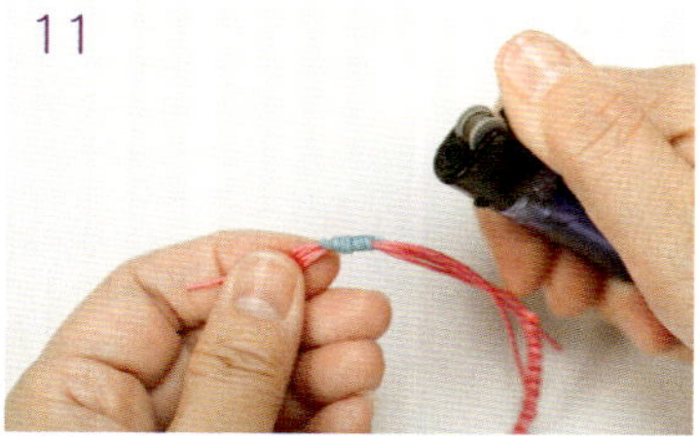

用打火机烧剪线位置，利用线的黏性使之固定。

12

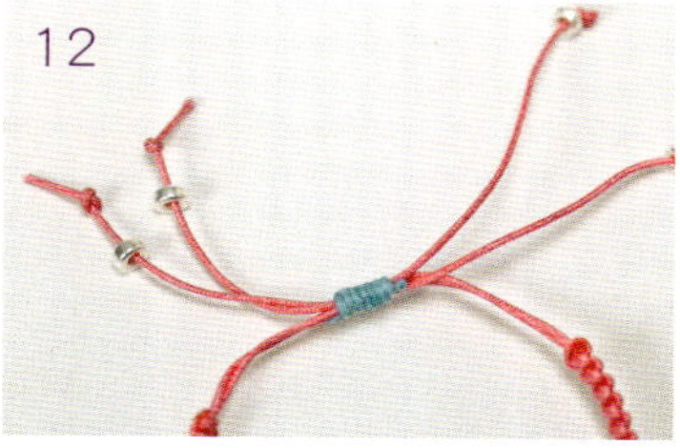

尾端各穿入银珠后，打结。

13

作品完成。

串珠平结

提示小卡

手环材料

1. 咖啡色蚕丝蜡线150cm 1根、60cm 1根
2. 直径4mm银珠24颗
3. 手链扣1组

完成长度：15cm

操作方法

1. 2根咖啡色蚕丝蜡线对折，固定手链扣。
2. 以60cm对折的30cm2根线当轴心，另两根长的线编4cm平结后，每左右各穿1颗银珠编平结，共穿入银珠编12次平结。
3. 最后再编4cm平结后，固定手链扣即完成。

提示小卡

手环材料

1. 桃红色蚕丝蜡线50cm 2根、120cm 2根
2. 直径4mm银珠44颗
3. 手链扣1组

完成长度：16cm

操作方法

1. 以4根桃红色蚕丝蜡线编3cm四股辫。
2. 以50cm的2根线当轴心，用120cm线编1个平结后，左右各穿1颗银珠，再编平结，依此共穿44颗银珠。
3. 接着编3cm四股辫。
4. 最后再夹入手链扣即完成。

提示小卡

手环材料

1. 暗红色蚕丝蜡线40cm 1根、100cm 2根
2. 玛瑙珠3颗、直径3mm银珠30颗
3. 手链扣1组

完成长度：16cm

操作方法

1. 将3根线中以40cm线当轴心编5cm平结后，以40cm线穿入玛瑙珠，左右100cm线各穿5颗银珠。
2. 编3次平结，再穿珠，共3次。
3. 再编5cm平结。
4. 将织带与手链扣接合。

提示小卡

手环材料

1. 五色线40cm 1根、100cm 2根
2. 玉珠（大）5颗、（小）2颗

完成长度：18cm

操作方法

1. 以40cm线当主轴，100cm的线2根编11次平结后穿1颗大玉珠，再编6次平结穿1颗大玉珠，共穿5颗大玉珠。
2. 再编11次平结，穿入1颗小玉珠。
3. 以平结当圈环大小调整结。

提示小卡

手环材料

1. 红色玉线A40cm 1根、100cm 2根
2. 粉色水晶5颗、紫色水晶4颗

完成长度：19cm

操作方法

1. 将粉色水晶与紫色水晶穿入40cm的线。
2. 左右两边以100cm的线编6cm平结。
3. 最后以平结当圈环大小调整结。

提示小卡

手环材料

1. 粉红色玉线A40cm 2根、100cm 2根
2. 直径5mm扁银珠20颗

完成长度：27cm

操作方法

1. 以40cm2根线当轴心，100cm线编5cm平结后，左右各穿1颗银珠再编平结，依此类推穿8颗银珠。
2. 接着再编5cm平结。
3. 最后以平结做圈环大小调整结。

两股辫

操作步骤

两股辫

1 取2股线，先将线头打结后，用胶带固定在桌上。

2 左右手各持一股线，同时往同一方向(左边或右边)扭转数次。

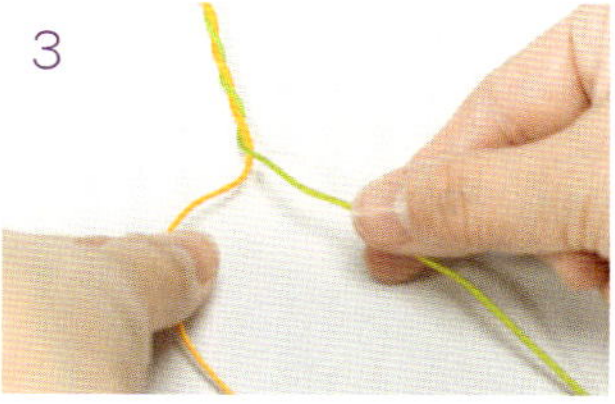

3 让左右手的2股线自动缠绕在一起。

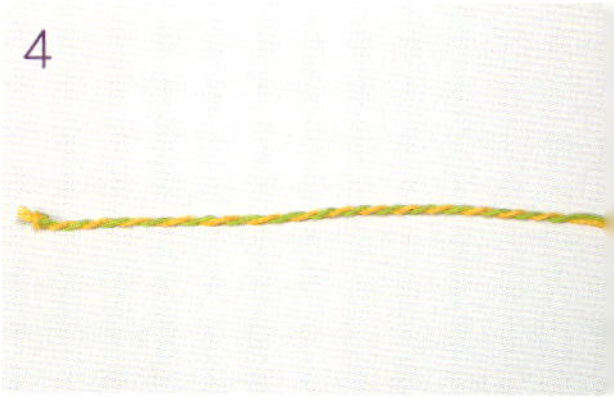

4 重复相同的方法直到所需长度。

举一反三练习

提示小卡

手环材料

1. 咖啡色5号韩国丝 60cm 2根
2. 饰品5个
3. 手链扣1组

完成长度：34cm

操作方法

1. 将2根咖啡色5号韩国丝编两股辫。
2. 在中间编较紧的部分以手链扣固定，并夹入饰品。

提示小卡

手环材料

1. 咖啡色玉线B 120cm 1根
   绿色玉线B 120cm 1根
2. 手链扣1组

完成长度：14cm

操作方法

1. 以2根玉线编1个双联结固定。
2. 接着编6次金刚结。
3. 依此重复5次。
4. 取搭配效果最好的两段，用手链扣固定。

提示小卡

手环材料

1. 浅粉红色玉线A 40cm 1根
   深粉红色玉线A 40cm 1根
2. 饰品1个
3. 手链扣1组

完成长度：16cm

操作方法

1. 将2根玉线编两股辫。
2. 穿入饰品，用手链扣固定，即完成。

四股辫

四股辫

1

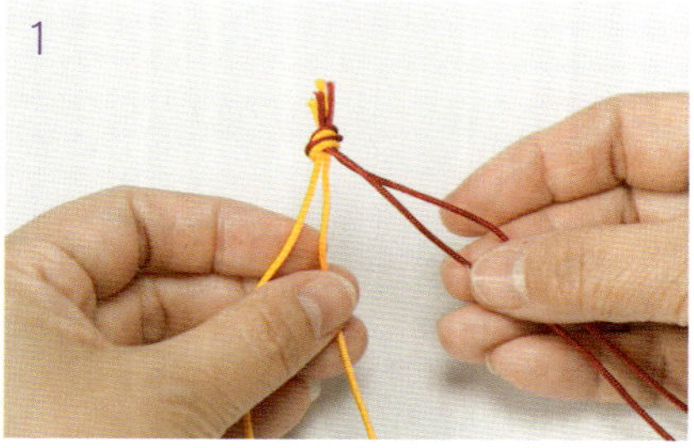

取4条线于头端打结。

2

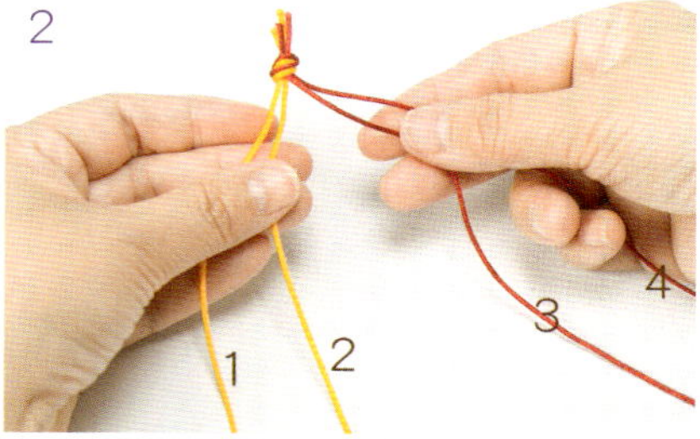

左、右手各持2股线。

3

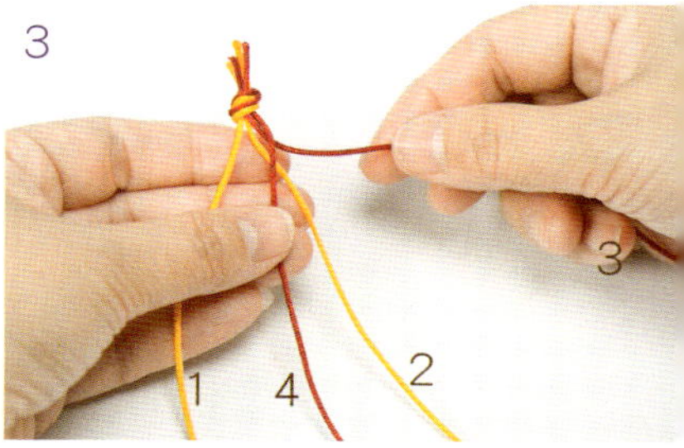

取右边4号线压在左边的2号线上。

4

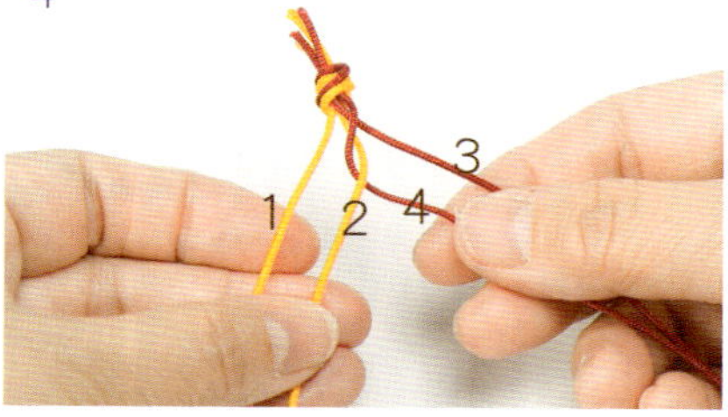

将2号线压在4号线上方。

5

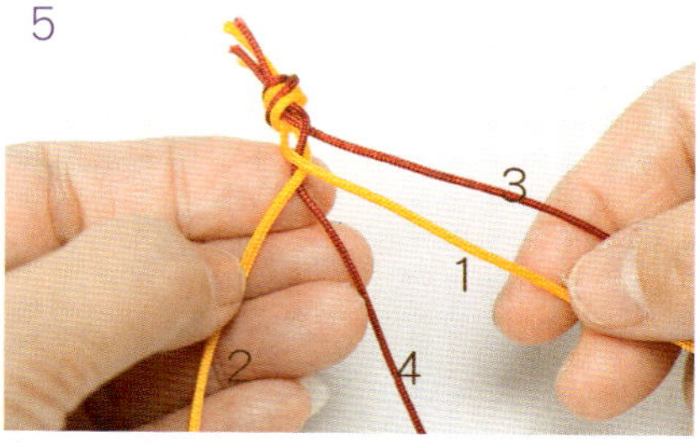

将1号线先编入3、4号线中间。

6

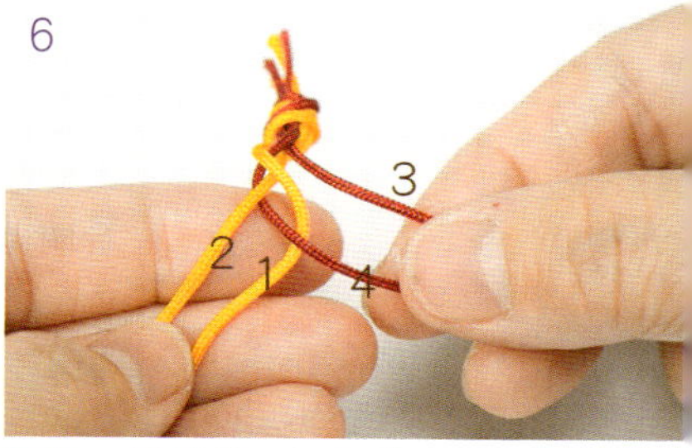

再将1号线绕到4号线下方。

7

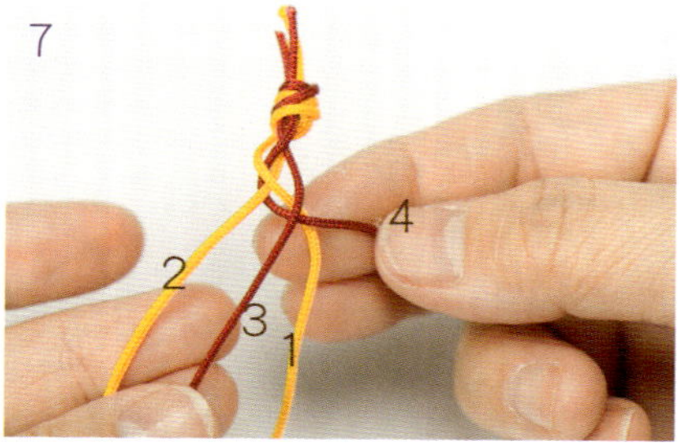

将3号线置于2号线与1号线中间。

8

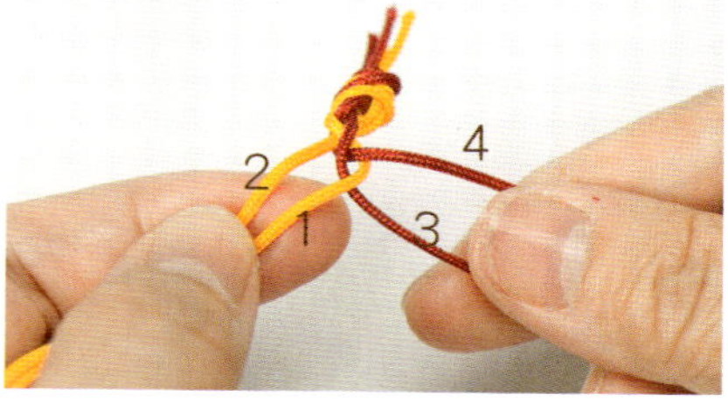

再将3号线绕到1号线的下方。

9

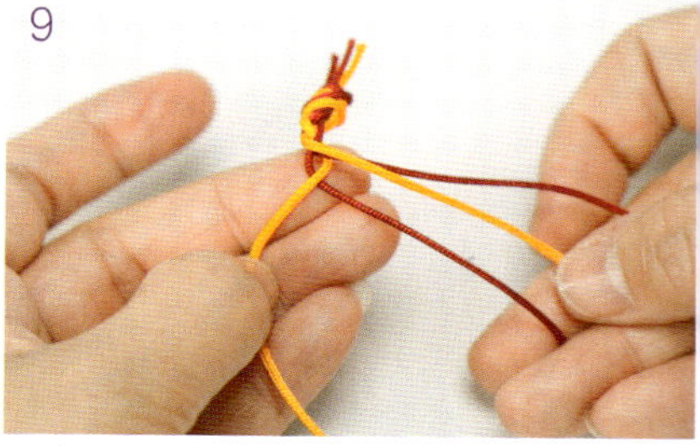

重复步骤1~8。

10

每次皆重复循环编结。

11

四股辫编织完成。

作品范例。

举一反三练习

四股辫

提示小卡

手环材料

1. 绿色玉线B 30cm 2根
   黄色玉线B 30cm 2根
   桃红色玉线B 30cm 2根
   红色玉线B 30cm 2根
2. 挂饰1个

完成长度：16cm

操作方法

以2根玉线为1股(共4股)，编15cm四股辫后，在两端编4圈秘鲁结，将所有线固定，将另外7根线剪断，并将剩余的线做圈环大小调整结。

提示小卡

手环材料

1. 6号绿色金葱韩国丝50cm 1根
   6号黄色金葱韩国丝50cm 1根
2. 挂饰1个
3. 手链扣1组

完成长度：16cm

操作方法

1. 将2根金葱韩国丝编16cm四股辫。
2. 将编好的织带加入挂饰。
3. 最后将织带与手链扣接合。

提示小卡

手环材料

1. 咖啡色蚕丝蜡线90cm 2根
   浅咖啡色蚕丝蜡线40cm 2根
2. 银珠5颗、金珠4颗
3. 手链扣1组

完成长度：16cm

操作方法

1. 将金珠、银珠以咖啡色蚕丝蜡线上下穿固定。
2. 前后各加40cm浅咖啡色蚕丝蜡线，编四股辫。
3. 最后将织带与手链扣接合。

提示小卡

手环材料

1. 绿色玉线B 75cm 2根
2. 挂饰1个
3. 手链扣1组

完成长度：16cm

操作方法

1. 2根绿色玉线编32cm四股辫后，装上手链扣。
2. 将编好的织带套入挂饰。

方形玉米结

方形玉米结

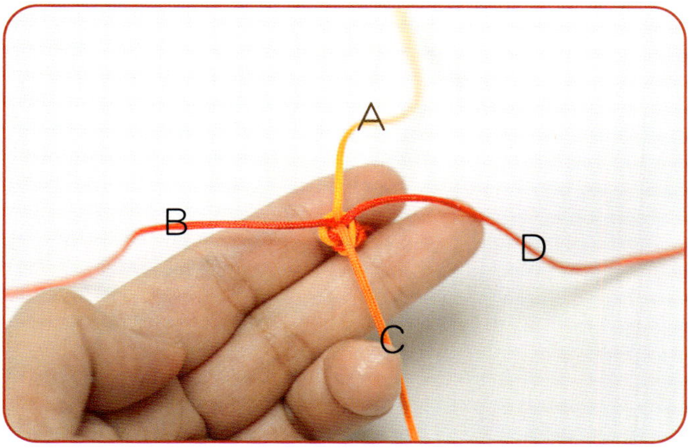

正反操作的方形玉米结：
取4条线(各90cm)，将线头打结，
再如图分4股线。

1

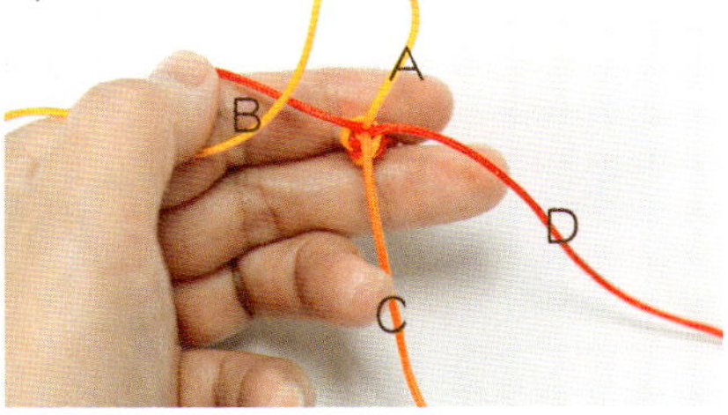

先操作逆时针方向：A线压在B线上。

2

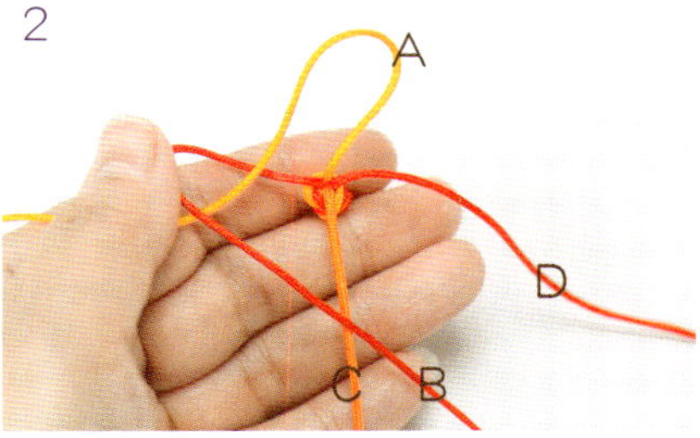

将B线绕过A线，压在C线上。

3

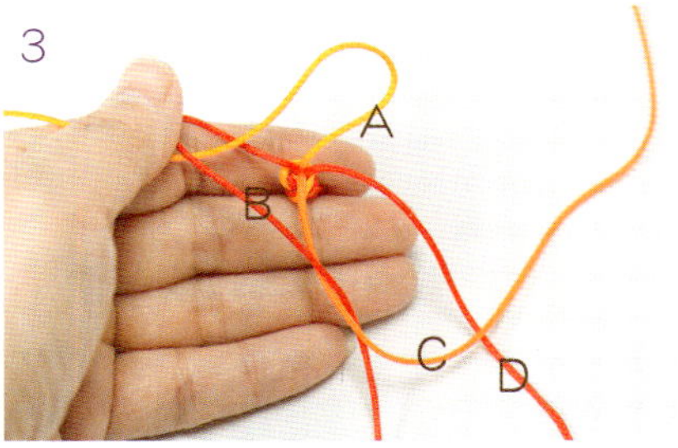

再将C线绕着B线，压在D线上。

4

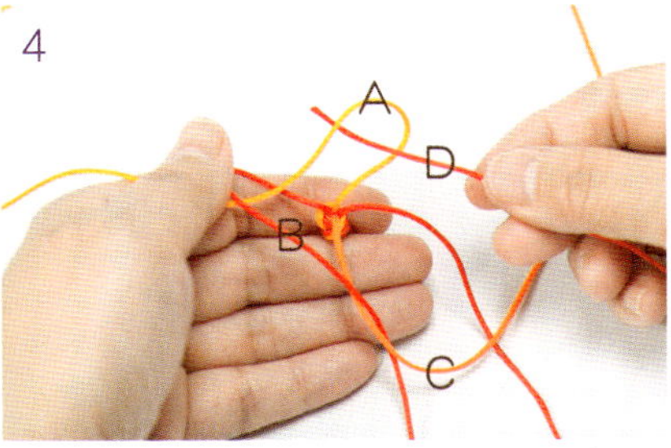

取D线绕过C线，穿入A线绕圈中。

5

拉紧调整4股线，让绳编成形。

6

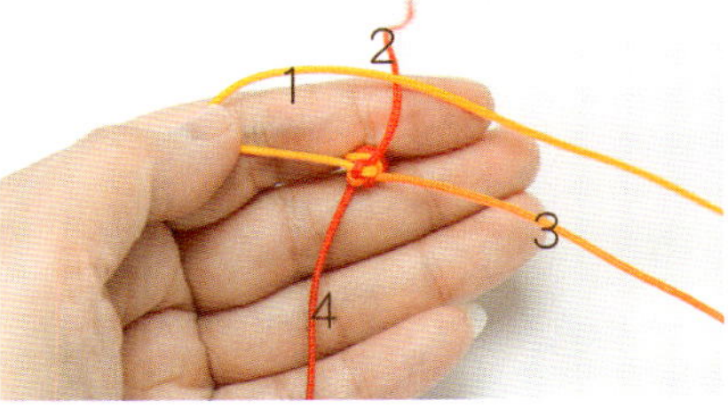

再按顺时针方向操作：取1号线压在2号线上。

7

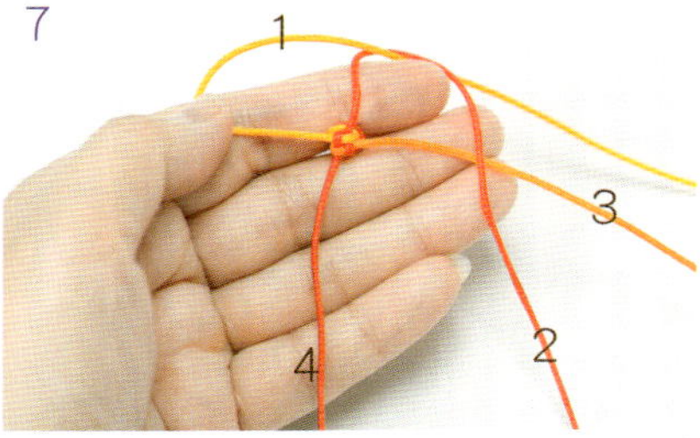

将2号线绕过1号线，压在3号线上。

8

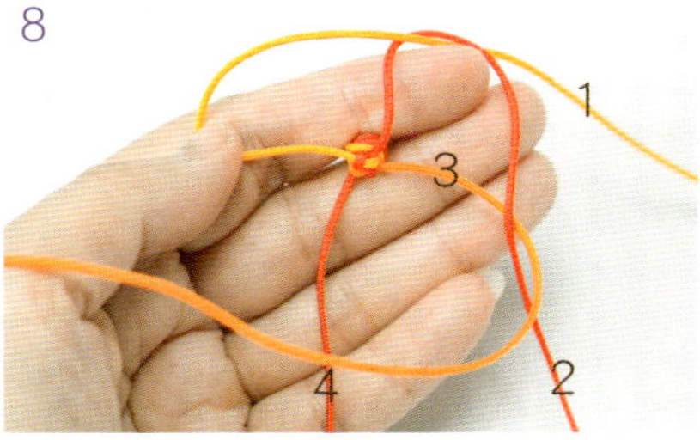

将3号线绕过2号线，压在4号线上。

9

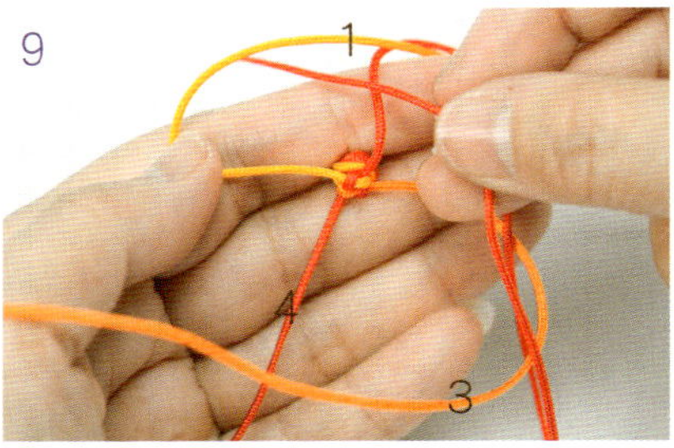

取4号线绕过3号线，自1号线的环中穿出。

10

拉紧4根线。

11

调整绳编成形，完成一个玉米结。

12

重复步骤1~11，继续编织。

13

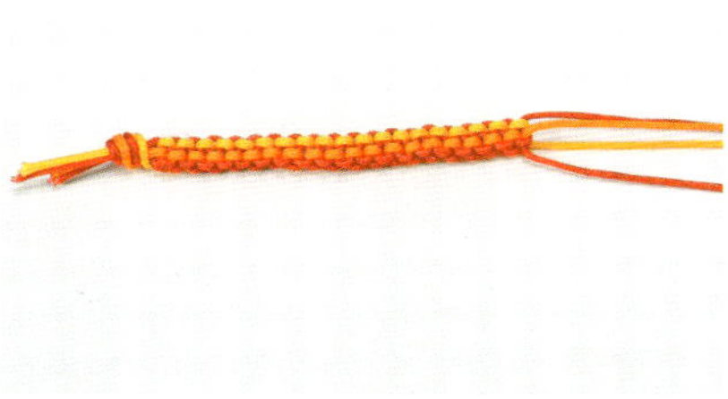

正反操作，编至所需长度。

14

收尾，加上手链扣及配件。

完成作品。

方形玉米结

提示小卡

手环材料

1. 红色玉线 B 90cm 2根
   黄色玉线 B 90cm 1根
   橘色玉线 B 90cm 1根
2. 银饰1个
3. 手链扣1组

完成长度：15cm

操作方法

1. 将4根玉线编15cm方形玉米结。
2. 将编好的织带加入银饰。
3. 最后将织带与手链扣接合。

提示小卡

手环材料

1. 咖啡色玉线B 80cm 2根
   绿色玉线B 80cm 1根
   黄绿色玉线B 80cm 1根
2. 银饰3个
3. 手链扣1组

完成长度：15cm

操作方法

1. 将4根玉线编15cm方形玉米结。
2. 将编好的织带加入银饰。
3. 将织带与手链扣接合。

提示小卡

手环材料

1. 暗红色玉线B 90cm 2根
   粉红色玉线B 90cm 2根
2. 银饰1个
3. 手链扣1组

完成长度：16cm

操作方法

1. 将4根玉线编16cm方形玉米结。
2. 将编好的织带加入银饰。
3. 最后将织带与手链扣接合。

圆形玉米结

操作步骤

圆形玉米结

1

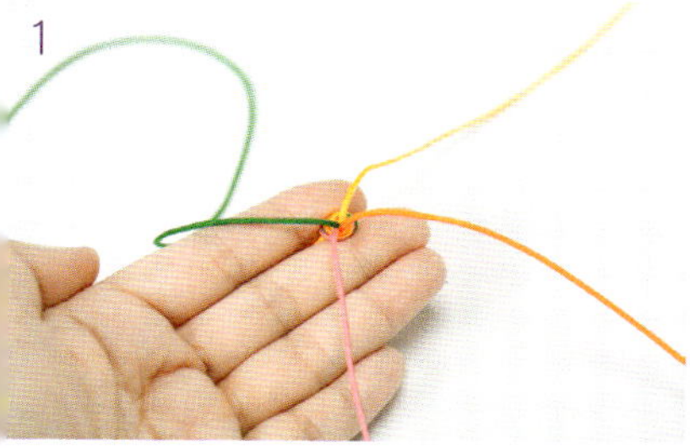

司一方向的四股玉米结。4股线在线头打结。

2

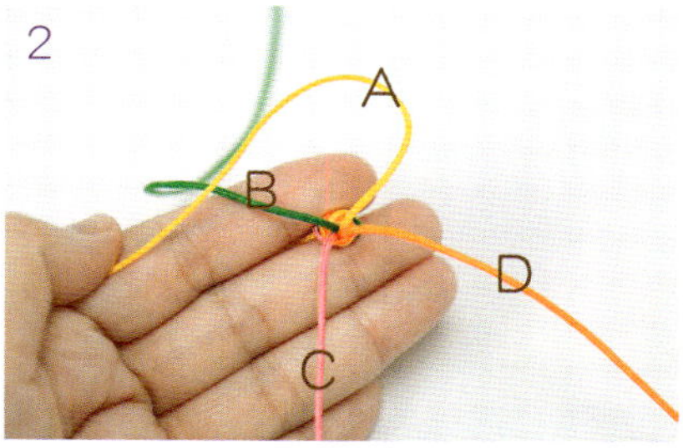

取A线压在B线上。

3

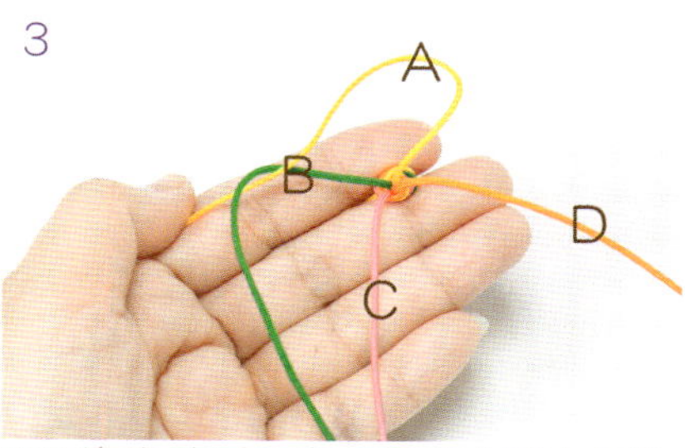

取B线绕跨过A线，将B线压在C线上。

4

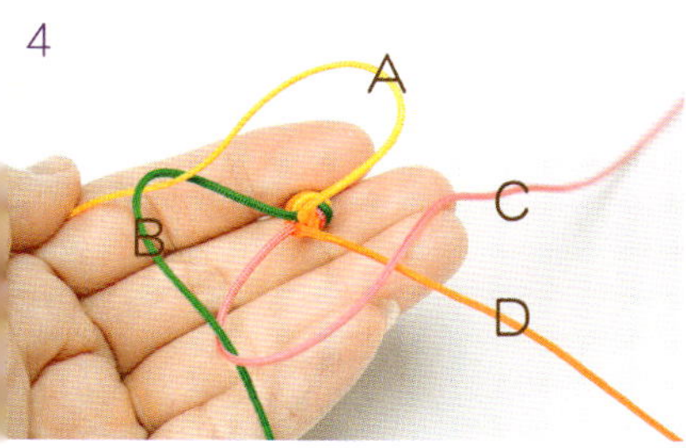

取C线绕过B线，压在D线上。

5

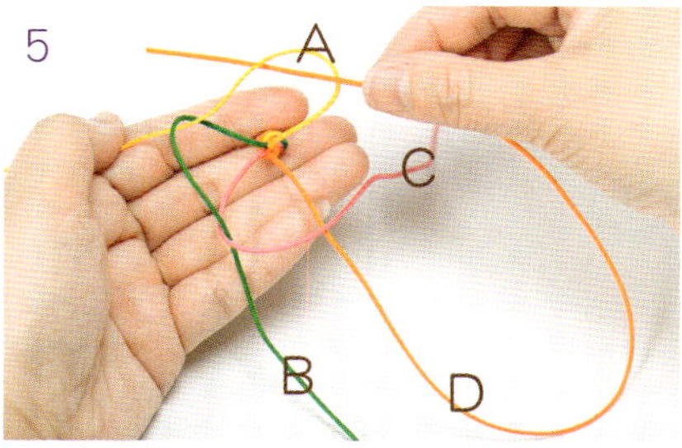

取D线绕过C线，再穿入A线线圈中。

6

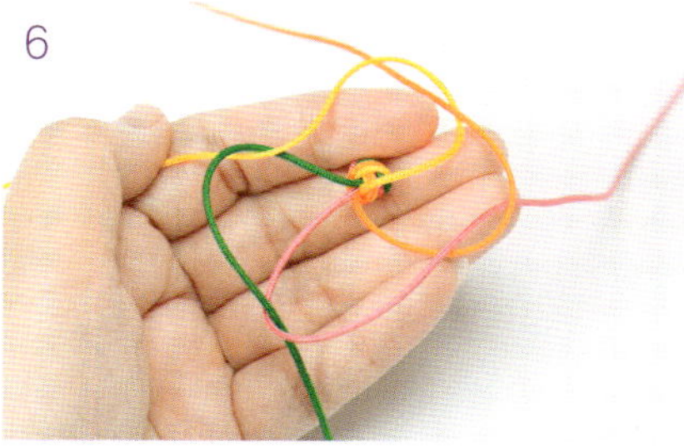

拉出A线线头。

7

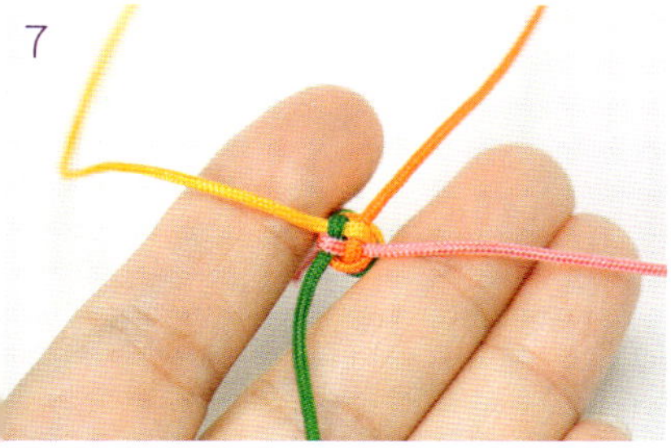

调整并拉紧4根线。

8

按此方法继续编至所需长度。

1

圆形玉米结(单色示范)。

2

4根线如图包绕、压叠。

3

调整并拉紧4根线。

4

编至所需长度即可收尾处理。

圆形玉米结

提示小卡

手环材料

1. 红色玉线A 100cm 4根
2. 玉饰1个、玉珠2颗、银饰1个
3. 手链扣1组

完成长度：20cm

操作方法

1. 将4根红色玉线打结后编17cm圆形玉米结，以3圈秘鲁结固定线尾。
2. 最后以3圈秘鲁结作为圈环大小控制结。

提示小卡

手环材料

1. 暗红色蚕丝蜡线90cm 4根
2. 银饰5个
3. 手链扣1组

完成长度：16cm

操作方法

1. 将玫瑰花银饰当主体，左右各挂上2根线固定。
2. 编圆形玉米结。
3. 将编好的织带与手链扣接合即完成。

提示小卡

手环材料

1. 橘色玉线B 100cm 2根
   黄色玉线B 100cm 2根
2. 饰品3个
3. 手链扣1组

完成长度：16cm

操作方法

1. 将4根玉线打结固定后，编10cm圆形玉米结。
2. 最后将织带与手链扣接合。

提示小卡

手环材料

1. 浅蓝色玉线A 180cm 2根、20cm 2根
2. 银饰3个
3. 手链扣1组

完成长度：16cm

操作方法

1. 将4根玉线编2cm四股辫后对折，以20cm那根线固定，接着编12cm圆形玉米结。
2. 最后将织带与手链扣接合。

举一反三练习

提示小卡

手环材料

1. 紫色玉线A 100cm 4根
2. 银饰1个
3. 手链扣1组

完成长度：16cm

操作方法

1. 将4根玉线打结，编12cm圆形玉米结。
2. 加上银饰。
3. 将织带与手链扣接合。

提示小卡

手环材料

1. 粉红色蚕丝蜡线50cm 1根
   紫色蚕丝蜡线180cm 1根
   粉红色蚕丝蜡线180cm 1根
2. 银饰1个
3. 手链扣1组

完成长度：16cm

操作方法

1. 将50cm粉红色蚕丝蜡线对折，编1个双联结后，将另两根180cm的蚕丝蜡线加入，编圆形玉米结。
2. 将编好的织带加入银饰。
3. 将织带与手链扣接合。

提示小卡

手环材料

1. 浅蓝色玉线A 100cm 4根
2. 银饰1个
3. 手链扣1组

完成长度：14cm

操作方法

1. 将4根浅蓝色玉线打结，编圆形玉米结。
2. 将编好的织带加入银饰。
3. 最后将织带与手链扣接合。

提示小卡

手环材料

1. 红色蚕丝蜡线180cm 1根
   黄色蚕丝蜡线180cm 1根、50cm 1根
2. 玉饰1个
3. 纽扣圈6个

完成长度：16cm

操作方法

1. 将50cm的黄色蚕丝蜡线对折编1个双联结，再将另两根180cm蚕丝蜡线加入，编圆形玉米结。
2. 将编好的织带加入纽扣圈及玉饰，另一端(结束侧)编1个纽扣结，完成。

提示小卡

手环材料

1. 暗红色蚕丝蜡线
   180cm 2根
2. 银饰1个
3. 手链扣1组

完成长度：16cm

操作方法

1. 将暗红色蚕丝蜡线编7cm圆形玉米结后，穿入银饰。
2. 接着再编7cm后，固定手链扣，即完成。

提示小卡

手环材料

1. 红色玉线A 120cm 1根
   白色玉线A 120cm 1根
   黄色玉线A 120cm 1根
   绿色玉线A 120cm 1根
   蓝色玉线A 120cm 1根
2. 饰品1个
3. 纽扣圈3个

完成长度：20cm

操作方法

1. 将玉线编17cm五股圆形玉米结，穿入饰品。
2. 以纽扣圈固定成作品大小控制结。

提示小卡

手环材料

1. 浅蓝色蚕丝蜡线
   100cm 4根
2. 玉饰1个
3. 手链扣1组

完成长度：16cm

操作方法

1. 将浅蓝色蚕丝蜡线编圆形玉米结。
2. 将编好的织带加入玉饰。
3. 最后将织带与手链扣接合。

串珠玉米结

三股串珠玉米结

1

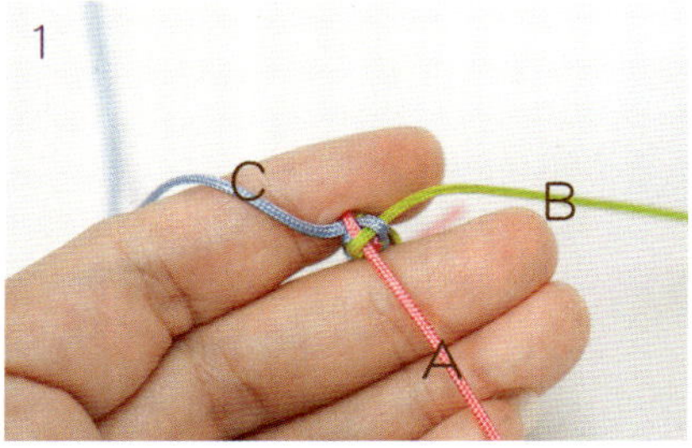

取3股线，将线头打结。如图分A、B、C 3根线。

2

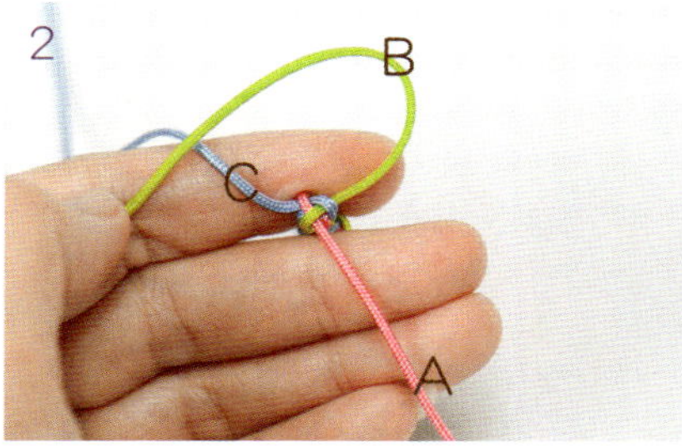

取B线压在C线上。

3

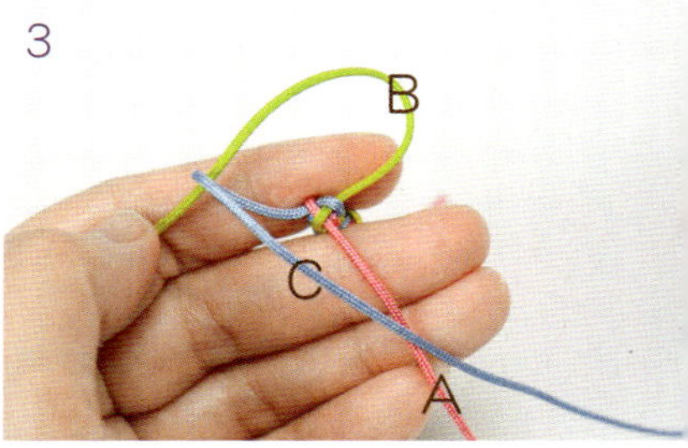

再将C线绕过B线，压在A线上。

4

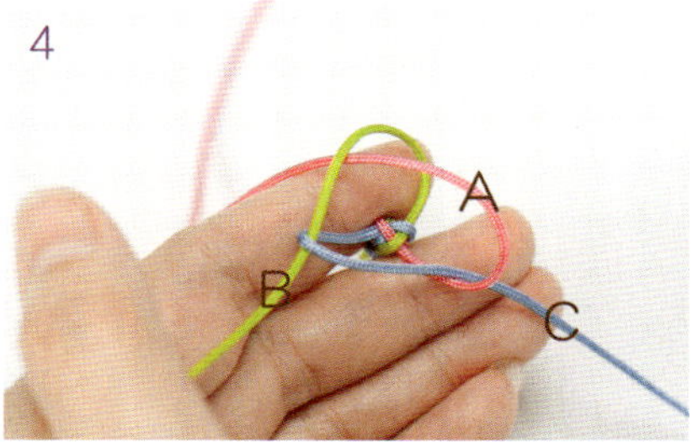

再取A线绕过C线，穿入B线做成的环中，拉出A线。

5

调整A、B、C 3根线并拉紧后，重复步骤1~3。
※若需加串珠，可参考下方“四股串珠玉米结”做法。

6

绳编完成。

四股串珠玉米结

1

操作编玉米结至适当长度后，将4股线各穿入1颗银珠。

2

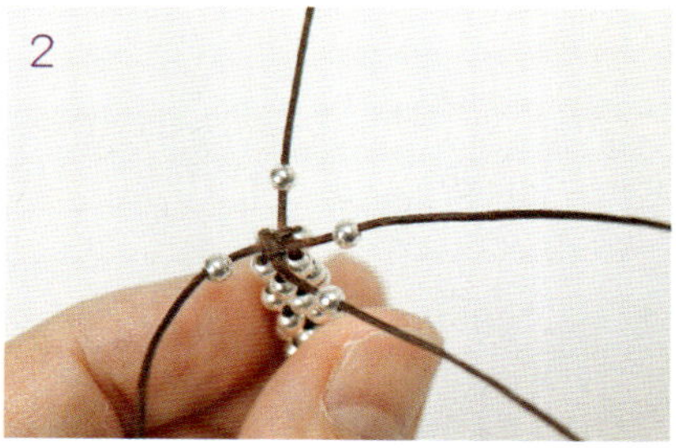

需将4颗银珠推到底，靠近绳编位置。

3

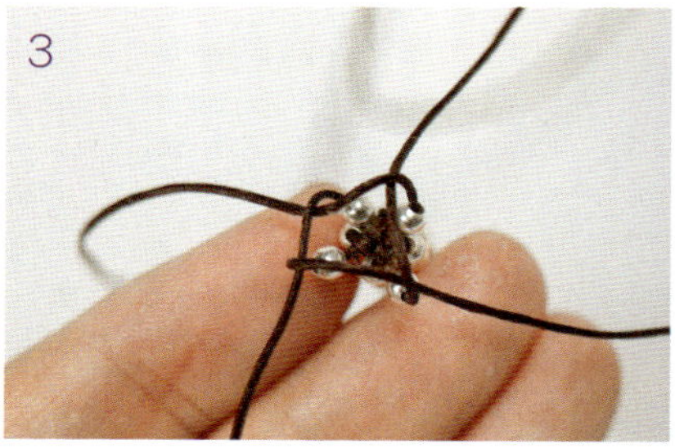

继续编四股串珠玉米结。共做8次(共32颗)。

操作步骤

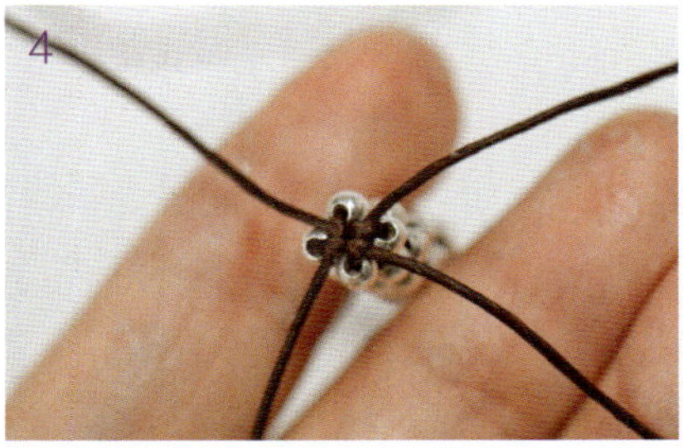

串珠编完后，4根线继续编玉米结。

编至所需长度(两端长度要对称)，准备引出线与龙虾扣做收尾。

连接好龙虾扣，余线剪掉。

作品完成。

作品示范

举一反三练习

提示小卡

手环材料

1. 红色玉线A 100cm 3根
2. 石榴石95颗

完成长度：20cm

操作方法

1. 将红色玉线A打结固定后，编2cm三股玉米结。
2. 每根线各穿入1颗石榴石，继续编。接着再每根线各穿入1颗石榴石再编(共20次)，之后不再穿入石榴石，再编2cm三股玉米结。
3. 最后以双联结固定，垂线位置双向交叉，两端各穿入1颗石榴石，编6次平结作为手环大小调整结。

举一反三练习

提示小卡

手环材料

1. 红色玉线A 100cm 3根
2. 猫眼石68颗

完成长度：18cm

操作方法

1. 将3根红色玉线A打结固定后，编2cm三股玉米结。
2. 每根线各穿入1颗猫眼石，继续编，接着再每根线各穿入1颗猫眼石再编（共20次），之后不再穿入猫眼石，再编2cm三股玉米结。
3. 最后以双联结固定，垂线位置双向交叉，每根线各穿入2颗猫眼石，编6次平结当手环大小调整结。

提示小卡

手环材料

1. 桃红色蚕丝蜡线100cm 4根
2. 直径3mm银珠36颗
3. 手链扣1组

完成长度：16cm

操作方法

1. 将桃红色蚕丝蜡线打结固定后，编6cm四股玉米结。
2. 每根线各穿入1颗银珠，继续编，接着再各穿入1颗银珠再编（共12次），之后不再穿入银珠，再编7cm四股玉米结。
3. 最后将织带与手链扣接合即完成。

提示小卡

手环材料

1. 咖啡色蚕丝蜡线120cm 2根
2. 直径3mm银珠48颗
3. 手链扣1组

完成长度：17cm

操作方法

1. 将2根咖啡色蚕丝蜡线先穿入龙虾扣固定后成4根线。
2. 编6cm四股玉米结后，每根线各穿入1颗银珠，继续编，共12次。
3. 接着再编不穿入银珠的部分(约6cm)。
4. 最后将织带与手链扣接合即完成。

左右环结

左右环结

1

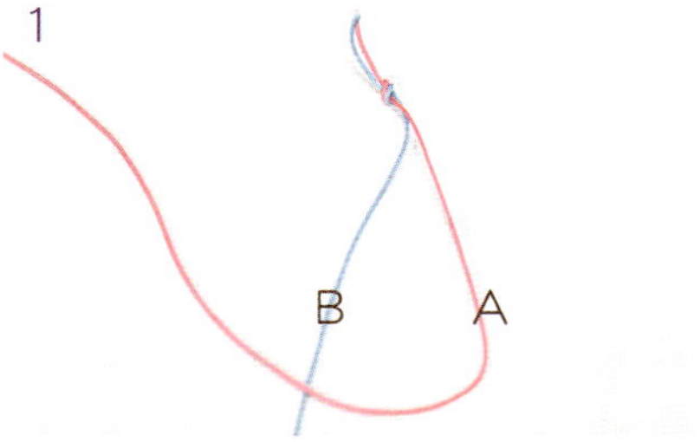

取2股线，先将线头打结，将A线压住B线。

2

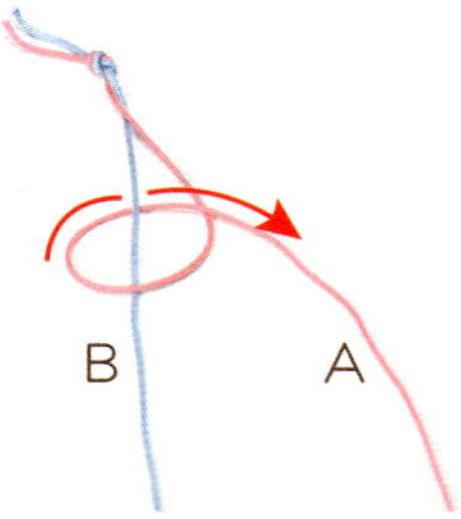

再如图将A线从B线下方绕一个圈。

3

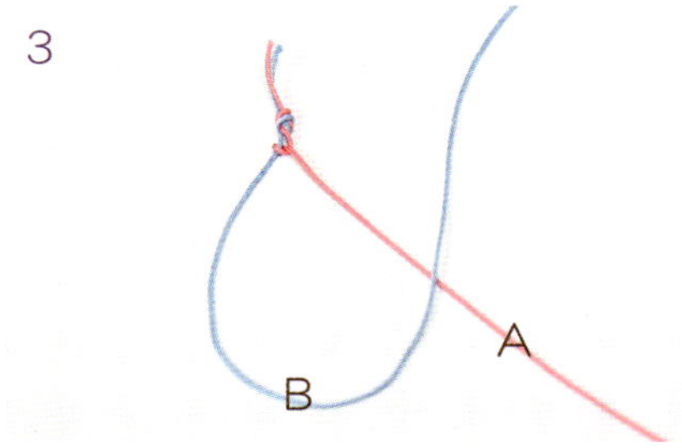

拉紧，形成右环结。再换B线压A线。

4

B线从A线下方绕出，拉紧，形成左环结。

5

继续重复步骤1~2做右环结。

6

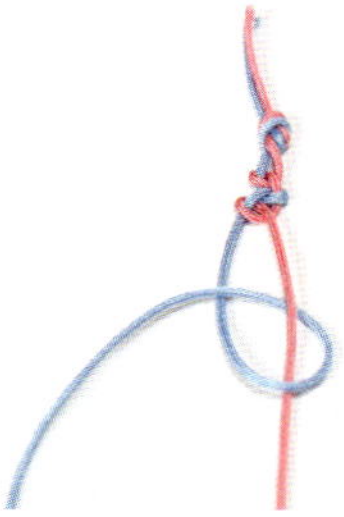

接着如步骤3~4再做个左环结。

7

左右交替编，形成左右环结。

8

按此方法编至所需长度即可。

左右环结

提示小卡

手环材料

1. 蓝色玉线B 30cm 1根
   桃红色玉B 30cm 1根
2. 饰品1个
3. 手链扣1组

完成长度：14cm

操作方法

1. 将玉线编左右环结。
2. 将编好的织带加入饰品。
3. 最后将织带与手链扣接合。

提示小卡

手环材料

1. 绿色蚕丝蜡线30cm 2根
2. 水晶饰品1个
3. 手链扣1组

完成长度：14cm

操作方法

1. 将绿色蚕丝蜡线编左右环结。
2. 将编好的织带加入水晶饰品。
3. 最后将织带与手链扣接合。

提示小卡

手环材料

1. 红色玉线A 60cm 1根
2. 直径6mm粉晶4颗、紫水晶4颗

完成长度：14cm

操作方法

1. 将红色玉线编左右环结。
2. 将编好的织带加入粉晶和紫水晶。

提示小卡

手环材料

1. 浅蓝色玉线B 30cm 1根
   深蓝色玉线B 30cm 1根
2. 银饰3个
3. 手链扣1组

完成长度：14cm

操作方法

1. 将2根玉线编左右环结。
2. 将编好的织带加入银饰。
3. 最后将织带与手链扣接合。

雀头结

雀头结

1

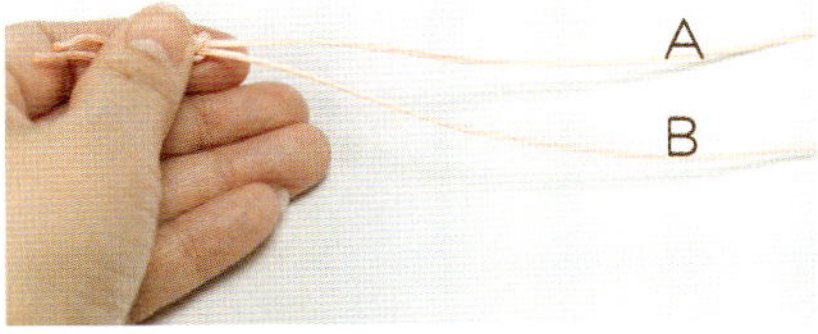

取2股线，先将线头打结，如图。

2

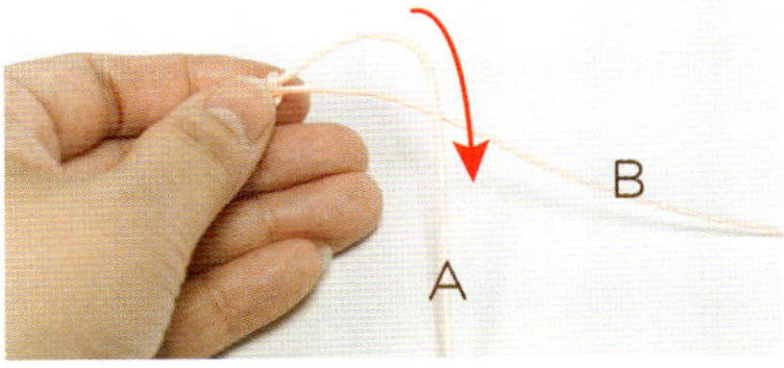

将A线压在B线上。

3

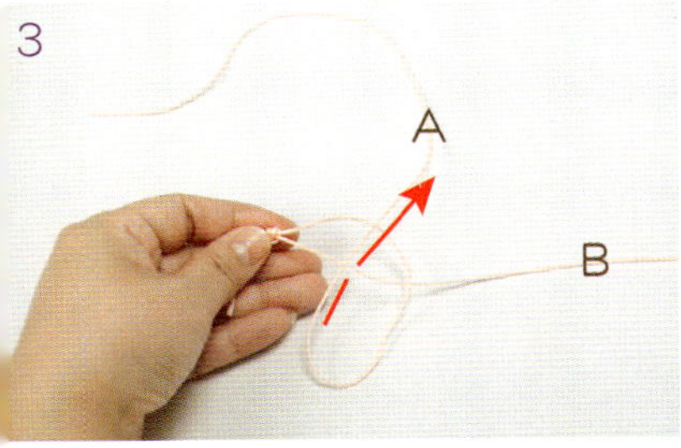

将A线由下往上穿出线圈，拉紧。

4

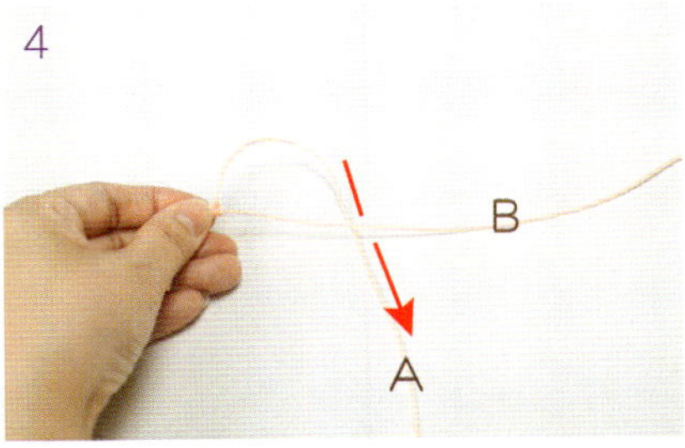

将A线从B线下方通过。

5

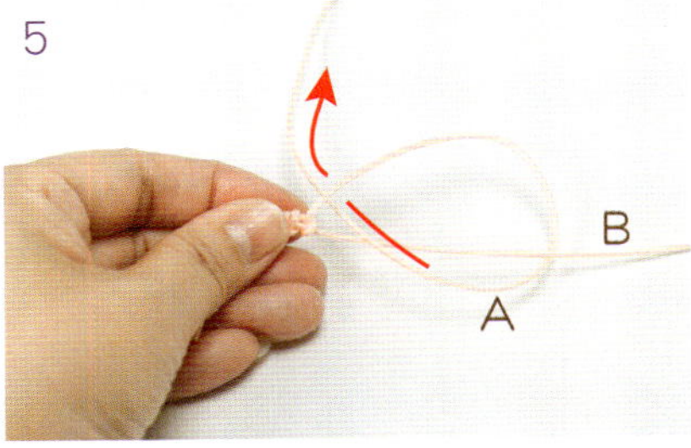

将A线由上往下穿出，拉紧。

6

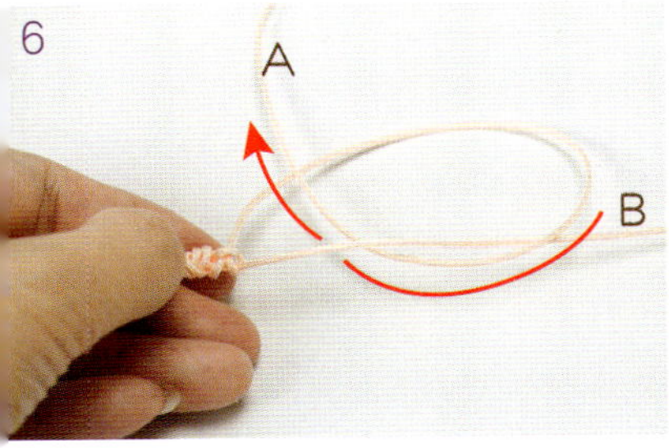

接着重复步骤2~3。

7

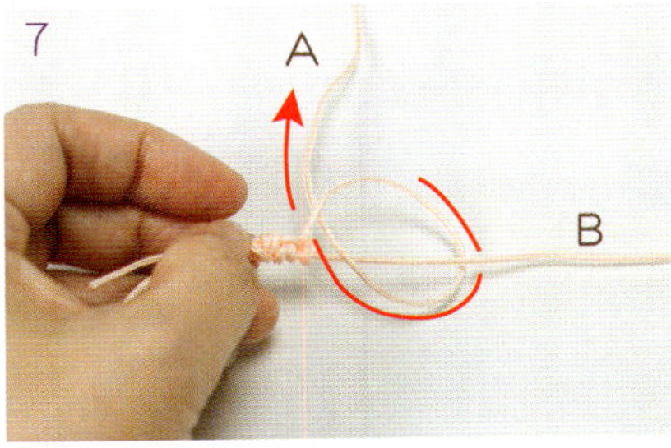

重复步骤4~5。

8

雀头结完成。

作品范例

雀头结

提示小卡

手环材料

1. 五色B线 60cm 1根、100cm 4根
2. 玉珠大5颗、小2颗

完成长度：20cm

操作方法

1. 将5根线一起编平结(1根60cm与2根100cm的当轴心)，编3cm。
2. 留下60cm那根当轴心穿入珠子，另四根各分2根左右边，编6次雀头结。
3. 5根线再编1cm平结，重复穿5颗玉珠后，再编3cm平结。
4. 最后以平结当手环大小调整结。

提示小卡

手环材料

1. 红色玉线A 110cm 4根
2. 银珠5颗、彩珠16颗

完成长度：20cm

操作方法

1. 将4根玉线分左右2组，先编1个双联结后，各编3次雀头结。再4根线合编1个平结，再穿1颗银珠。
2. 依此重复5次后再左右编3次雀头结、1次双联结。
3. 最后以平结做手环大小调整结。

提示小卡

手环材料

1. 紫色蚕丝蜡线 60cm 1根、100cm 4根
2. 银珠5颗
3. 手链扣1组

完成长度：14cm

操作方法

1. 将5根线一起编平结(1根60cm与2根100cm的当轴心)，编3cm。
2. 留下60cm那根当轴心穿入银珠，另四根各分2根左右边，编6次雀头结。
3. 再5根线一起编1cm平结，重复穿5颗银珠后，再编3cm平结。
4. 将织带与手链扣结合。

提示小卡

手环材料

1. 粉红色玉线B 120cm 1根 金葱线180cm 1根
2. 银饰2个

完成长度：17cm

操作方法

1. 将粉红色玉线B与金葱线对折，编1个双联结。
2. 将4根线分成2组，左右各编3组雀头结，再合编1次平结，共编12组，穿上银饰。
3. 接着编5个纽扣结就完成了。

双联结

操作步骤

双联结

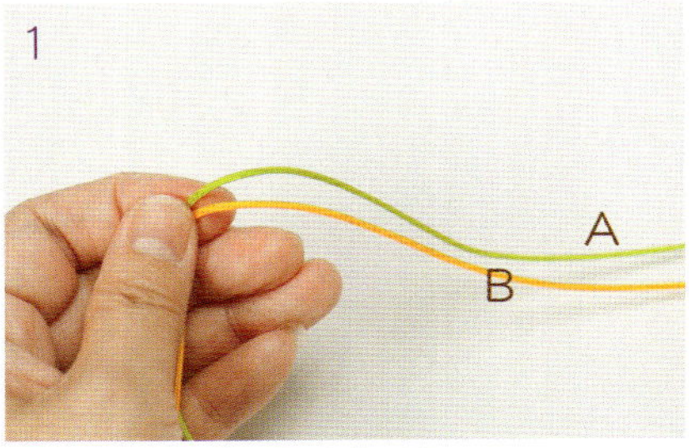

取2股线，将线头打结。

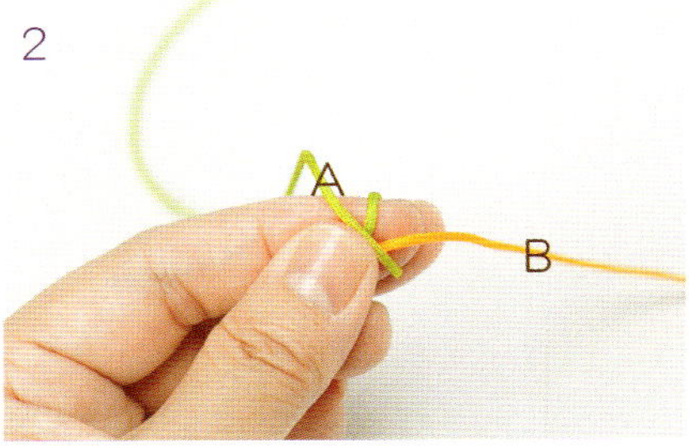

将A线绕食指一圈。

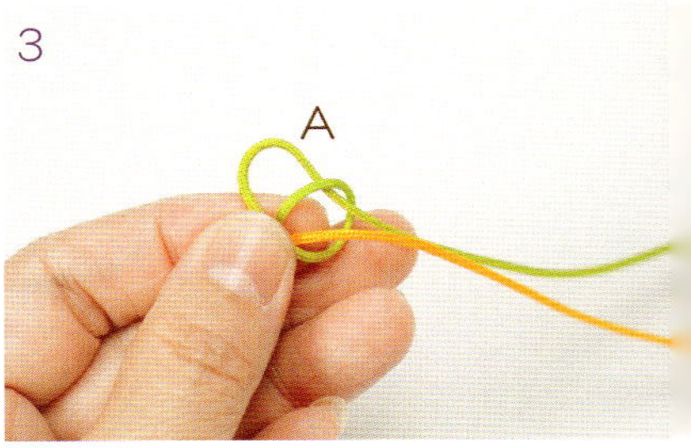

A线穿过绕圈的中间。

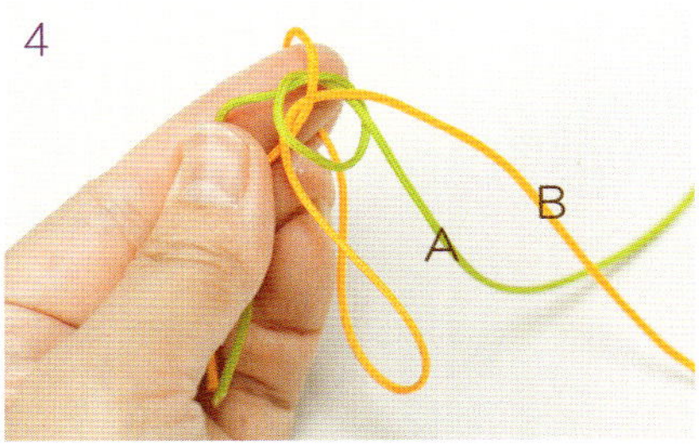

再将B线也绕食指一圈，同A线方式穿过绕圈的中间。

调整并拉紧，形成第1个双联结。

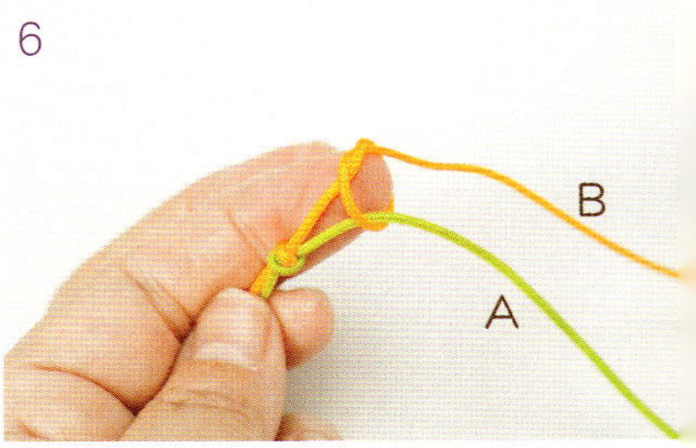

B线如步骤2~3。

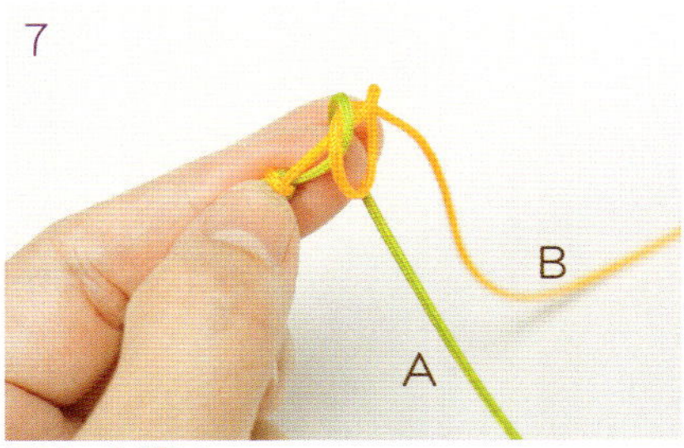

再如步骤4。

拉紧，即可完成第2个双联结。

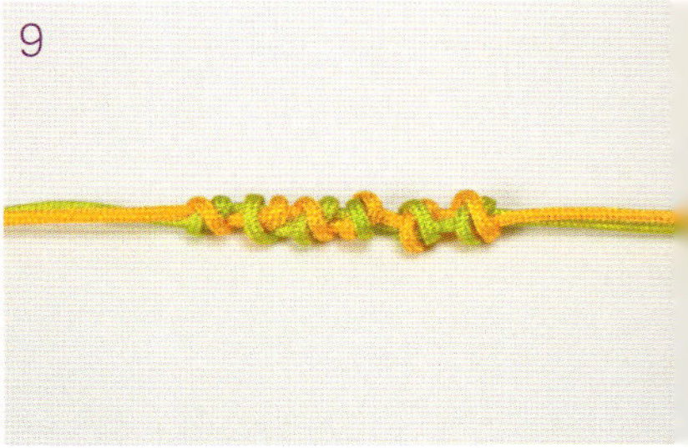

依序将双联结完成。

步骤图解

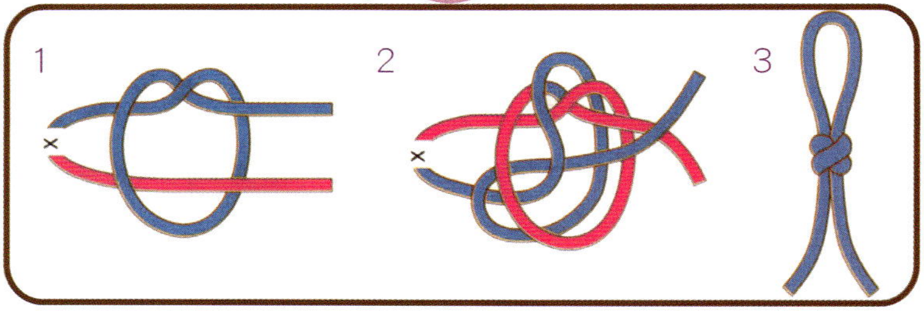

双联结

提示小卡

手环材料

1. 紫色蚕丝蜡线60cm 1根
2. 银饰13个
3. 手链扣1组

完成长度：16cm

操作方法

1. 紫色蚕丝蜡线对折后，编1个双联结。
2. 每隔一个双联结，如图穿入银饰。
3. 最后以双联结和手链扣接合。

提示小卡

手环材料

1. 卡其色蚕丝蜡线100cm 1根
2. 方形珠24颗
3. 手链扣1组

完成长度：15cm

操作方法

1. 将卡其色蚕丝蜡线对折后，编双联结，并每穿一颗方形珠，编1个双联结。
2. 最后以双圈秘鲁结固定锁扣。

提示小卡

手环材料

1. 咖啡色蚕丝蜡线80cm 1根
2. 银饰11个
3. 手链扣1组

完成长度：15cm

操作方法

1. 咖啡色蚕丝蜡线对折，编双联结。
2. 每穿一颗银饰，编1个双联结。
3. 最后以马口夹固定线尾。

金刚结

金刚结

1

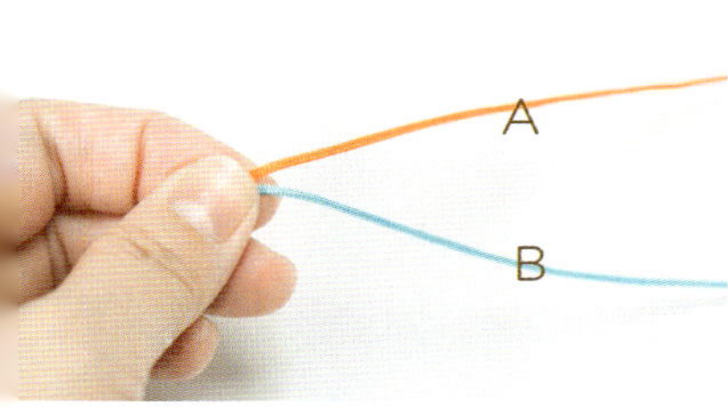

取2根线，线头打结。

2

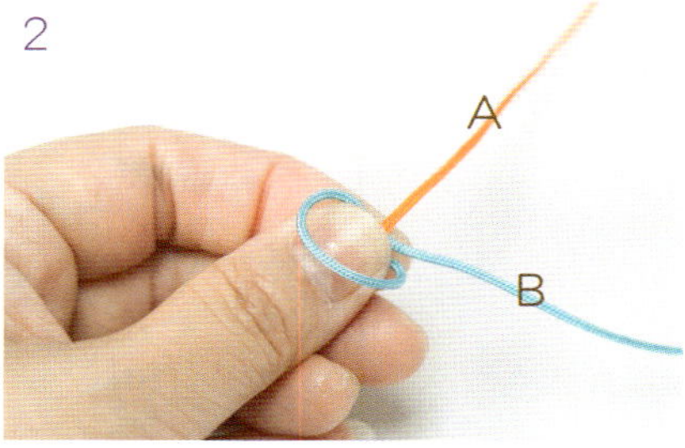

取B线包住拇指及A线。食指要捏住A、B线重叠的位置。

3

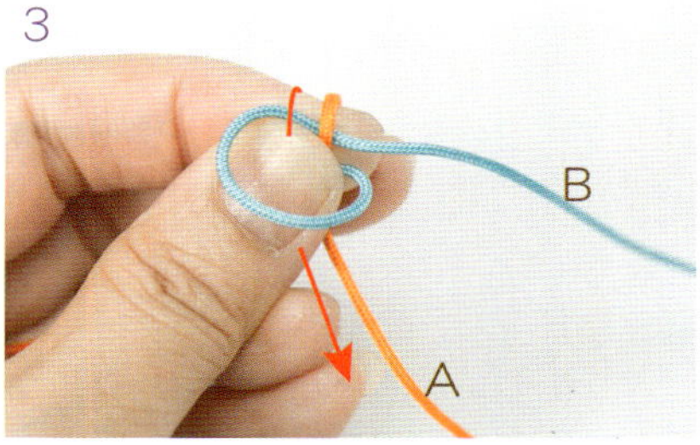

取A线向后绕过食指，跨过B线。

4

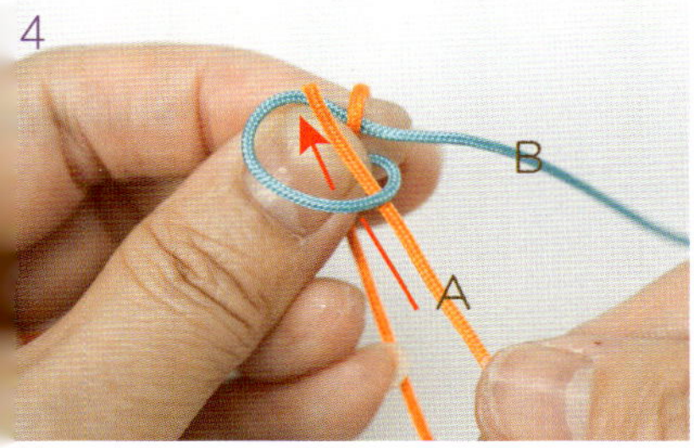

将A线从B线拇指的线圈穿出。

5

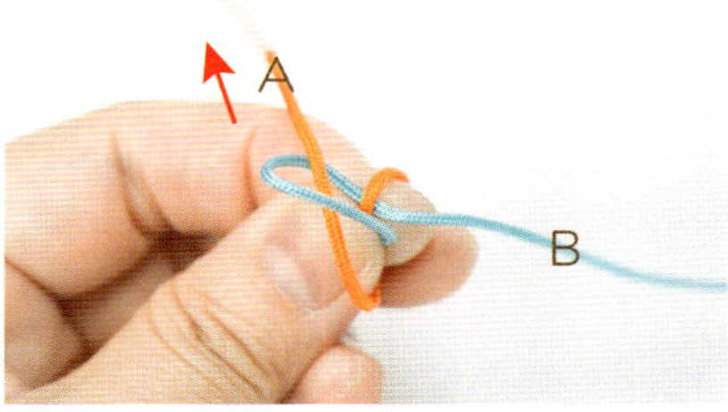

拉出A线。

6

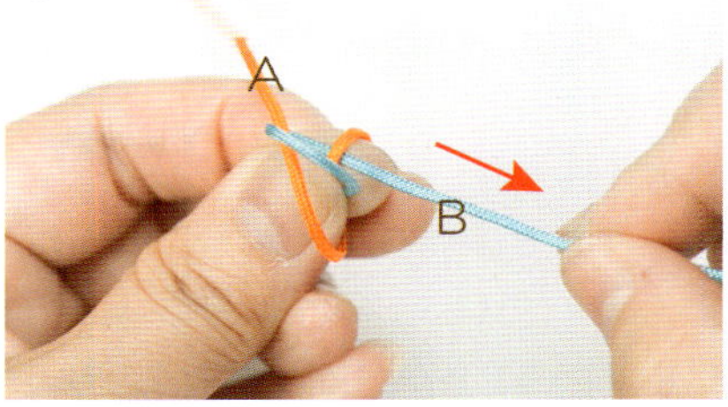

放开拇指上的B线线圈，拉出B线。

7

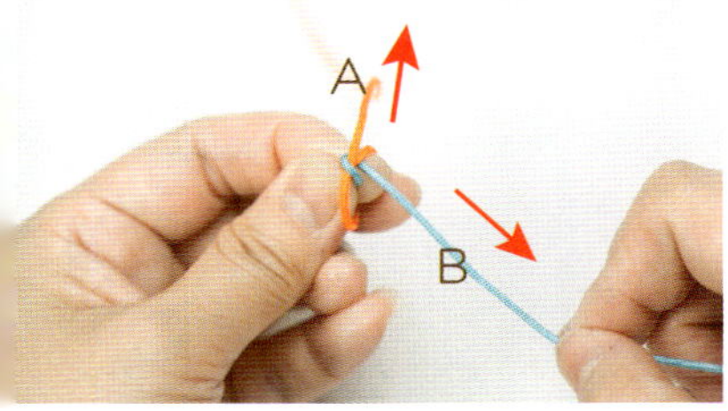

拉紧A、B两线。

8

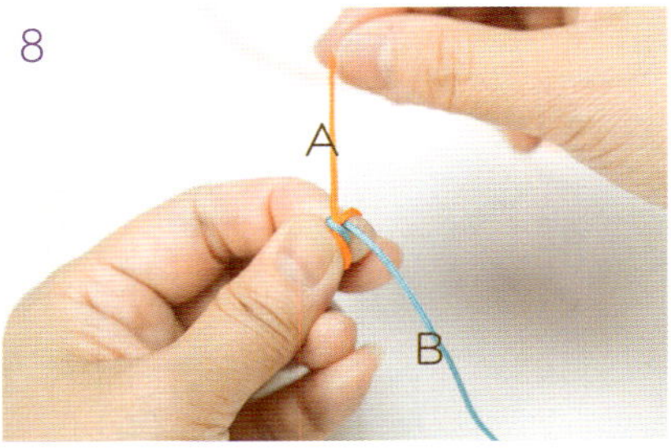

调整绳结。

9

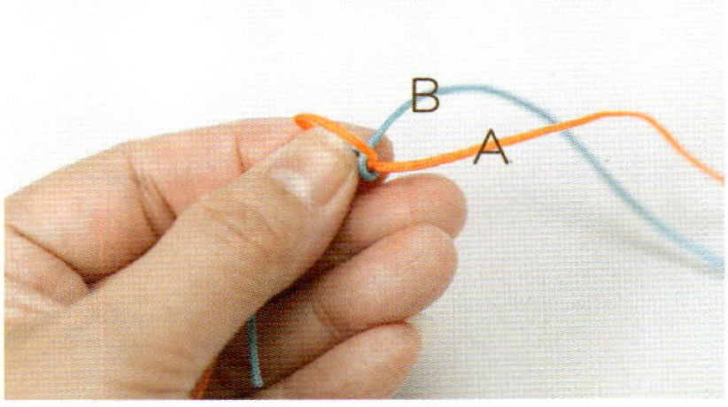

将食指上的A线圈套在拇指上，此时的B线会在A线上。

10

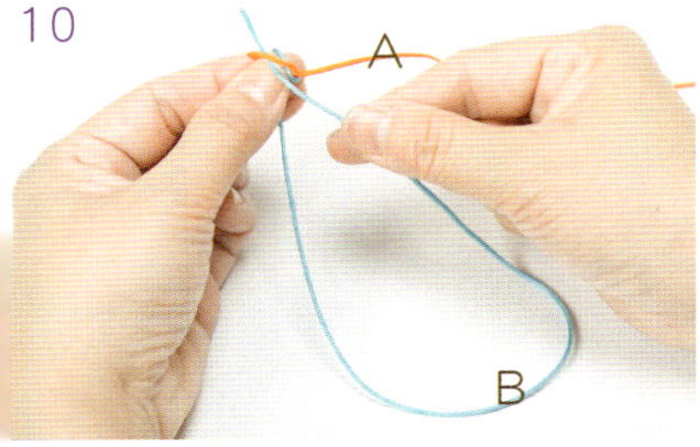

取B线绕过食指，经由A线由下向上，将B线由拇指的洞穿出。

11

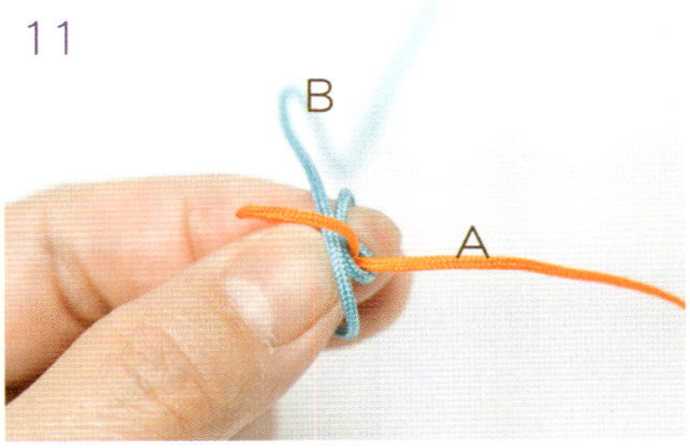

拉出B线。

12

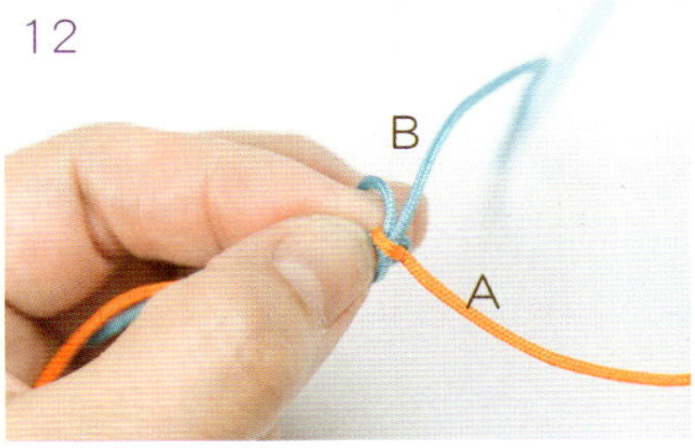

松开拇指上的结，调整绳结。

操作步骤

13

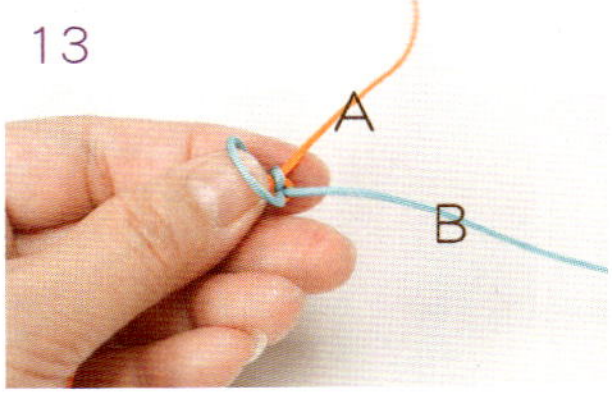

将食指上的线圈，轻轻移到拇指上。

14

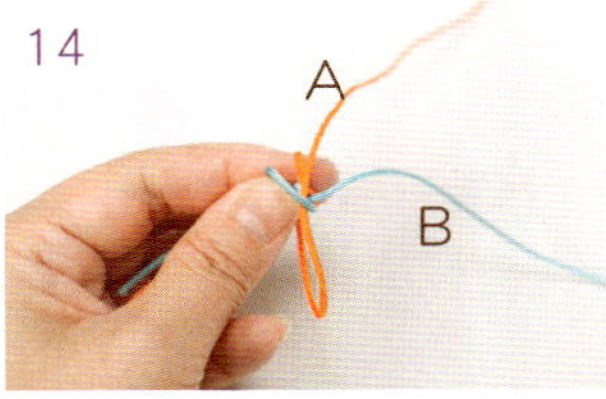

将A线由B线拇指的线圈穿出。

15

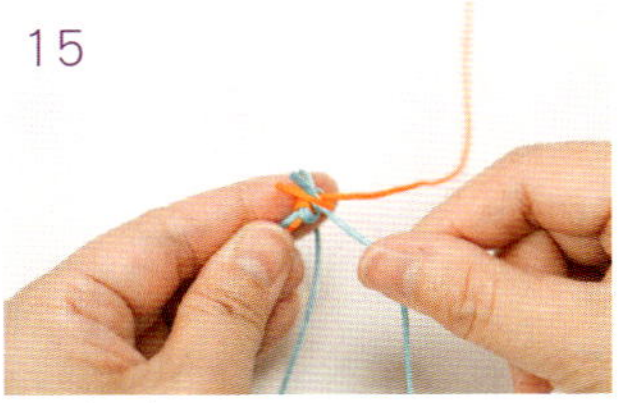

重复步骤2~14。

16

金刚结完成。

举一反三练习

金刚结

提示小卡

手环材料

1. 白色蚕丝蜡线120cm 1根
   浅粉色蚕丝蜡线120cm 1根
2. 银饰8个
3. 手链扣1组

完成长度：17cm

操作方法

1. 2根蚕丝蜡线，先以2圈秘鲁结固定扣环。
2. 接着编5cm金刚结，将银饰穿入，继续编4cm金刚结，再穿入银饰，最后固定扣环即完成。

提示小卡

手环材料

1. 五色线200cm 1根
2. 仿金饰品1个
   橘色珠子 1颗

完成长度：16cm

操作方法

1. 五色线对折，编18cm金刚结后，穿入橘色珠子固定。
2. 最后穿入仿金饰品，即完成。

提示小卡

手环材料

1. 桃红色蚕丝蜡线150cm 1根
2. 直径4mm银珠14颗
3. 手链扣1组

完成长度：17cm

操作方法

1. 桃红色蚕丝蜡线对折，编双联结后，再编7次金刚结，左右各穿1颗银珠。
2. 重复7次后，再编7次金刚结，最后固定扣环即完成。

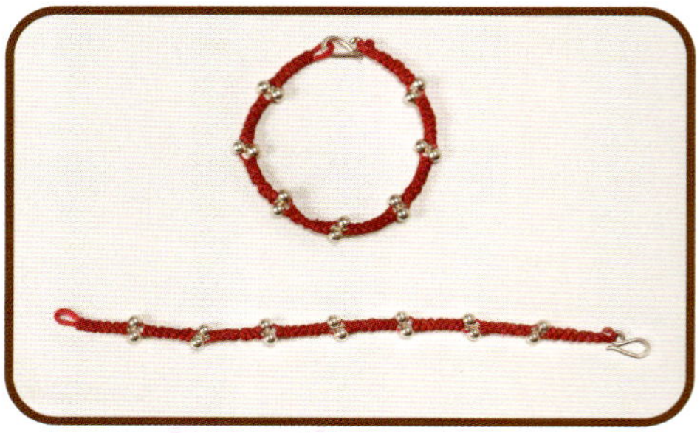

举一反三练习

提示小卡

手环材料

1. 紫色蚕丝蜡线180cm 1根
2. 银饰5个
3. 手链扣1组

完成长度：16cm

操作方法

1. 紫色蚕丝蜡线对折后，开始编15cm金刚结，最后以2圈秘鲁结固定扣环。
2. 再分别以单圈固定银饰。

提示小卡

手环材料

1. 黄色玉线B 120cm 1根
   绿色玉线B 120cm 1根
   粉红色玉线B 120cm 1根
   紫色玉线B 120cm 1根
   桃红色玉线B 200cm 1根
2. 银饰1个
3. 手链扣1组

完成长度：18cm

操作方法

1. 5根玉线线头一起打结，取桃红色与其中一根线编金刚结，另三根线包在中间当轴心。每色约编2cm，再换色。
2. 共编18cm，穿上银饰。
3. 将织带与手链扣接合。

提示小卡

手环材料

白色玉线B 120cm 1根
浅粉红色玉线B 120cm1根、20cm 1根
完成长度：16cm

操作方法

1. 以白色及浅粉红色玉线各一根，编15cm金刚结。
2. 20cm浅粉红色玉线将垂线位置交叉后，以5圈秘鲁结做手环大小调整结。

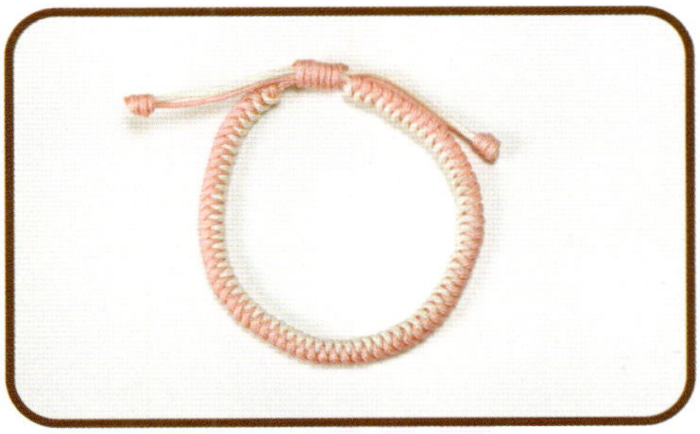

提示小卡

手环材料

浅粉红色玉线B 120cm 1根
深桃红色玉线B 120cm 1根、20cm 1根
完成长度：16cm

操作方法

1. 以深桃红色及浅粉红色玉线各一根，编15cm金刚结。
2. 20cm深桃红色玉线将垂线位置交叉后，以5圈秘鲁结做手环大小调整结。

秘鲁结

操作步骤

秘鲁结

1

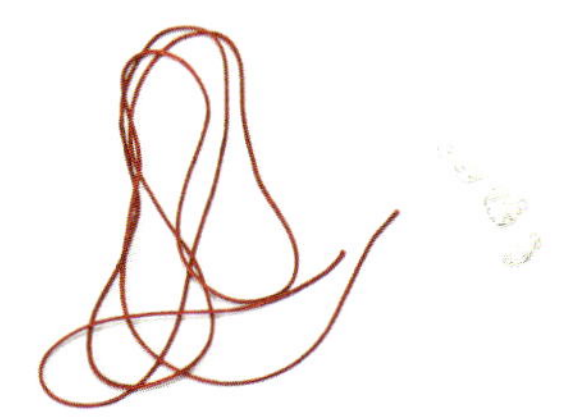

取1根线长 100cm 与银饰数个。

2

取线的中间位置。

3

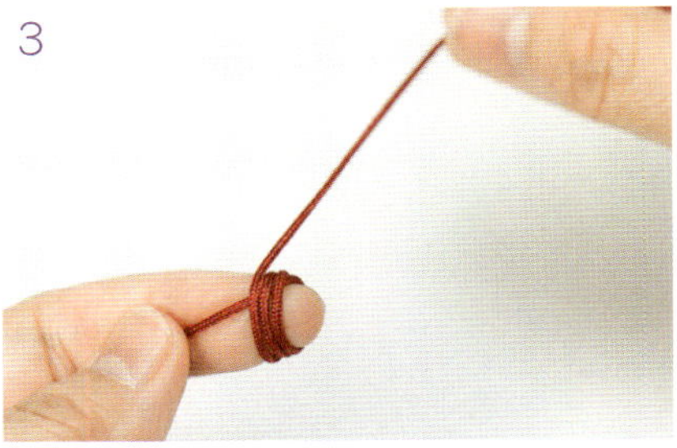

绕手指三圈。

4

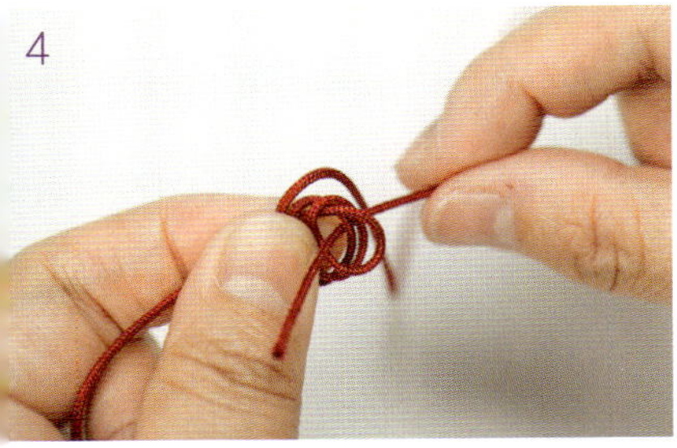

用绕手指的那根线穿入已绕成圈的线中，将线头拉出。

5

完成第1个秘鲁结。

6

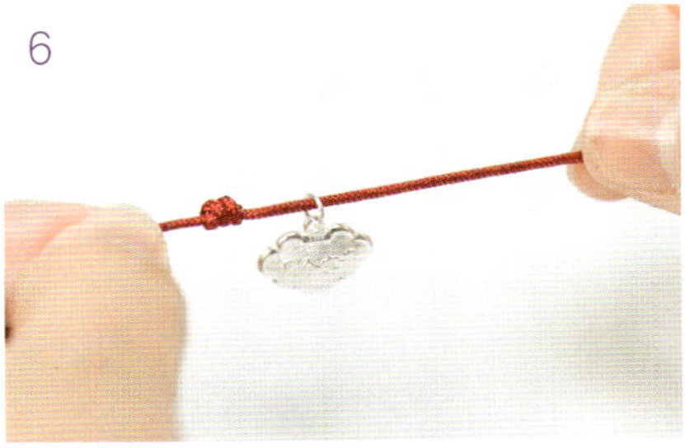

穿入第1个银饰。

7

重复步骤3。

8

重复步骤4~5，完成第2个秘鲁结。

9

穿入第2个银饰。

10

依序穿入银饰，将2根线尾交叉重叠。

11

先将B线在手指上绕2圈。

12

B线线头穿入手指上的环。

操作步骤

拉出B线线头。

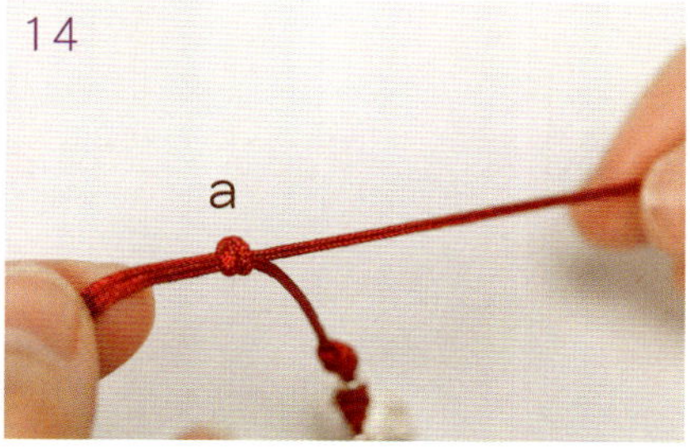

完成1个作品大小调整结a。

取另一端的A线操作，重复步骤11~14。完成另1个调整结b。

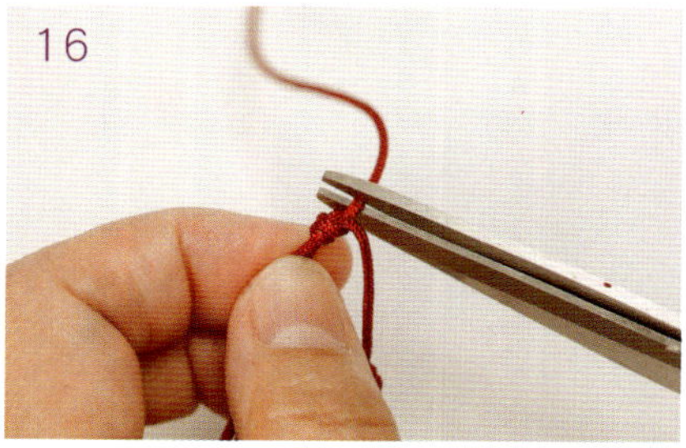

剪去A、B2根多余的线。

取打火机烧剪线位置，利用其黏性固定绳结。

完成作品(a、b2个活动结可调整手环大小)。

举一反三练习

秘鲁结

提示小卡

手环材料

1. 红色玉线A 90cm 1根
2. 直径8mm水晶珠5颗、直径4mm金色珠子10颗

完成长度：20cm

操作方法

1. 红色玉线编3圈秘鲁结，并如图穿入水晶珠与金色珠子。
2. 最后以2圈秘鲁结作为手环大小调整结。

提示小卡

手环材料

1. 红色玉线A 40cm 1根
2. 直径6mm粉晶3颗、水晶珠4颗

完成长度：20cm

操作方法

1. 红色玉线编单圈秘鲁结，如图穿入水晶珠和粉晶，再编单圈秘鲁结。
2. 最后以2圈秘鲁结作为手环大小调整结。

提示小卡

手环材料

1. 咖啡色玉线A 45cm 1根
2. 玉珠12颗

完成长度：20cm

操作方法

1. 咖啡色玉线每穿一颗玉珠编1个2圈秘鲁结。
2. 线两端结尾如图示编麦穗结。
3. 最后以5圈秘鲁结将手链结尾。

提示小卡

手环材料

1. 红色蚕丝蜡线60cm 1根
2. 银饰5个

完成长度：21cm

操作方法

1. 红色蚕丝蜡线编3圈秘鲁结，并挂上银饰。
2. 并以2圈秘鲁结作为手环大小调整结。

剩余线材的运用

操作步骤

剩余线材的运用

1

利用绳编剩余的线(约30cm长)数根，准备银饰数个。

2

先将线头打结，依照喜好随意穿入配件。

3
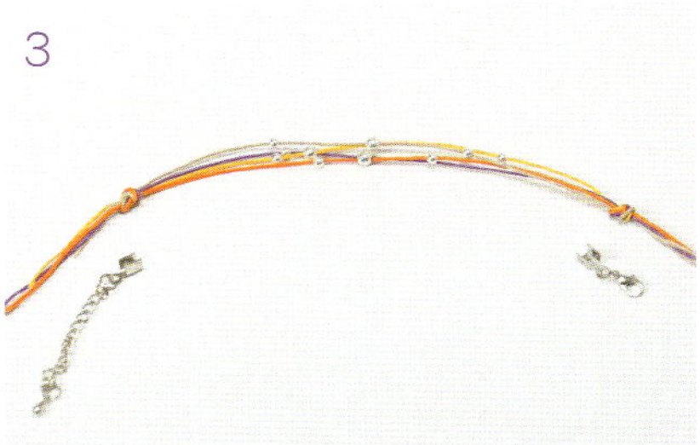
将完成侧的线头打结，准备安装扣链。

4

剪去两端余线，将线穿入手链扣。

5
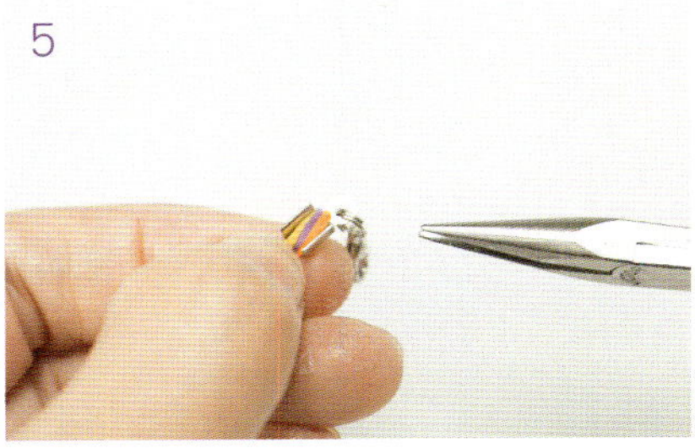
用尖嘴钳固定线与手链扣。

6
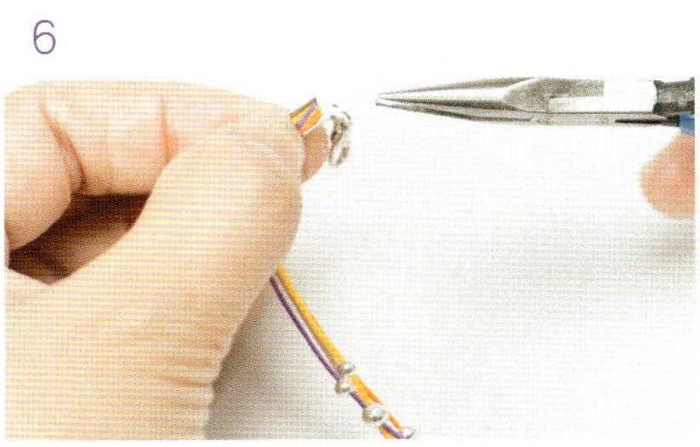
将线藏入手链扣的凹槽中。

7
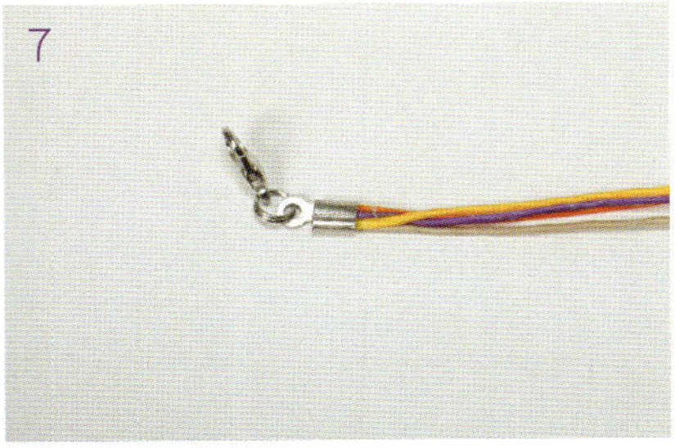
完成手链扣头的连接。

8

用打火机烧线，利用其黏性与手链扣头固定。

9
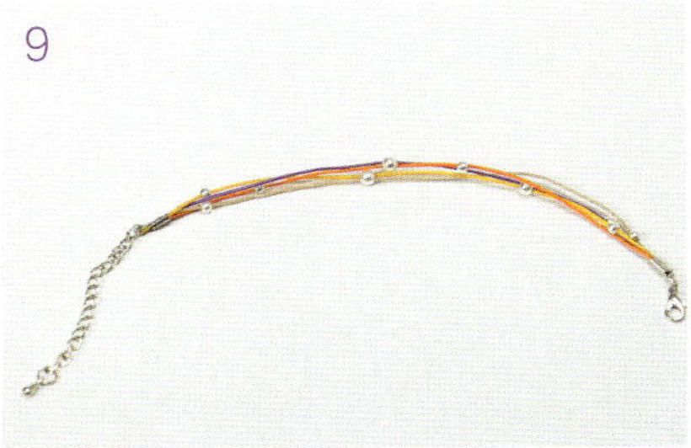
静置待干。

10

作品完成。

剩余线材的运用

提示小卡

手环材料

1. 白色蚕丝蜡线20cm 1根
   黄色蚕丝蜡线20cm 1根
   绿色蚕丝蜡线20cm 1根
   黑色蚕丝蜡线20cm 1根
   暗红色蚕丝蜡线20cm 1根
2. 银饰1个、直径3mm银珠25颗
3. 手链扣1组

完成长度：15cm

提示小卡

手环材料

1. 白色蚕丝蜡线20cm 1根
   黄色蚕丝蜡线20cm 1根
   绿色蚕丝蜡线20cm 1根
   黑色蚕丝蜡线20cm 1根
   暗红色蚕丝蜡线20cm 1根
2. 直径3mm银珠7颗、直径4mm银珠3颗
3. 手链扣1组

完成长度：15cm

提示小卡

手环材料

1. 橘色蚕丝蜡线20cm 1根
   绿色蚕丝蜡线20cm 3根
2. 银饰5个、直径4mm银珠4颗
3. 手链扣1组

完成长度：15cm

著作权合同登记号：豫著许可备字-2015-A-00000053

图书在版编目（CIP）数据

138款圆形盘编、手编幸运手环/潘美伶编著. —郑州：河南科学技术出版社，2016.6
ISBN 978-7-5349-7375-8

Ⅰ.①1… Ⅱ.①潘… Ⅲ.①首饰—手工艺品—编织 Ⅳ.①TS959.2

中国版本图书馆CIP数据核字（2016）第054589号

出版发行：河南科学技术出版社
地址：郑州市经五路66号　　邮编：450002
电话：（0371）65737028　　65788613
网址：www.hnstp.cn
策划编辑：刘　欣
责任编辑：刘　瑞
责任校对：耿宝文
封面设计：张　伟
责任印制：张艳芳
印　　刷：北京盛通印刷股份有限公司
经　　销：全国新华书店
幅面尺寸：190 mm × 260 mm　　印张：7　　字数：160千字
版　　次：2016年6月第1版　　2016年6月第1次印刷
定　　价：39.00元